高甘味度
甘味料

アセスルファム
K カリウム

太田静行
俣野和夫
大沼　明
大倉裕二
木田隆生

幸書房

■ 著者紹介

〈編著者〉

太田静行　北里大学名誉教授

　　2章，3章3.3，特別寄稿　執筆

〈執筆者〉

俣野和夫　ニュートリノヴァ・ジャパン㈱ 顧問

　　1章，2章，3章3.1, 3.2, 4章, 5章, 6章　執筆

大沼　明　ニュートリノヴァ・ジャパン㈱

　　　　　サネットマーケティング　次長

　　1章，2章，3章3.1, 3.2, 4章, 5章, 6章　執筆

大倉裕二　武田薬品工業㈱ フード・ビタミンカンパニー

　　　　　テクニカル・マーケティンググループ

　　7章，8章　執筆

木田隆生　武田薬品工業㈱ フード・ビタミンカンパニー

　　　　　技術研究室

　　7章，8章　執筆

は　じ　め　に

　『高甘味度甘味料　アセスルファムカリウム』が発刊されることになった。

　アセスルファムカリウムについて，私には特別の思いがある。世の中には，塩味が主体で，甘味はその引き立て役のような食品も多いが，種々のお菓子のように，甘味が主体で，その他の味が甘味を引き立てるような食品も多い。各種の飲料，和菓子，中華菓子，ジャム類などがそれである。

　コーヒーや紅茶も「生がいい」ということでミルクや甘味料を加えない人もいるが，私などは，ミルクや甘味料を加える方が，味のバランスがよくて美味しいように思われる。

　こういう甘味を主体とする食品，甘味を加えればさらに美味しくなる食品には，健康な人ならば砂糖，あるいはそれに代わるでん粉糖などを使えば全く問題がない。しかし，砂糖の類の摂取を制限されている人もいる。代表的なのは糖尿病を患っている人である。

　平成 12 年における日本人の糖尿病患者およびその予備軍は，1,370 万人といわれている。これは日本の人口の 1 割であり，50 歳以上の人で言えば 5 人に 1 人がそれであるという。私の周囲を見回してみても大体それ以上の割合であり，日本人は糖尿病になりやすい体質とも言われている。

はじめに

糖尿病患者は私も含めて，一般に甘いものが好きである。そのせいで糖尿病になったともいわれるし，先祖からの遺伝だともいわれる。それはともかくとして，糖尿病患者も毎日食事は摂らなければならないし，おやつ時になればお茶の1杯，お茶菓子の一つも楽しみたいものである。この楽しみを可能にするのが高甘味度甘味料である。これからの高齢者の増加とあいまって大いにその消費拡大が期待されるところである。

また，年寄りに限らず，若い女性でも「太りたくない」ということでダイエットに苦心しているようだ。私の目からすれば，少し痩せすぎと思うような女性でもカロリー制限をしており，そのくせ甘いものも嫌いではない。こういう年齢層も高甘味度甘味料を必要としているといえるだろう。

私自身もいろいろな加工食品を利用するが，1日1,860Kcalの制限の中で甘味料の占めるカロリーは結構あり，「ノンカロリーの甘味料」であればもう少し食べられるのにと思うことがしばしばである。

平成10年度の高甘味度甘味料の国内需要は600トン弱（アスパルテーム約180トン，サッカリン（Na）約100トン，ステビア抽出物約200トン，カンゾウ抽出物約100トン）程度と推定され，2000年にはこれにアセスルファムカリウムが加わり，まだまだこの市場は需要が伸びると思われる。

私は毎朝コーヒーを飲む。これにミルクと少量のアセスルファムカリウムを加えて適度の甘さにして楽しんでいる。一昨年の冬にアセスルファムカリウムと出会い，以来ずっと欠かせない習慣となったようだ。

　　　　　　　　　　　　　　　　　　　　　　　　は　じ　め　に

　アセスルファムカリウムのよさは，癖のない甘味と何よりも安定性，安全性に優れていることである。

　人口甘味料というと，すぐに安全性を疑問視する方もおられるが取り越し苦労というもので，アセスルファムカリウムも十分な試験をクリアし，世界の100か国で愛用されている。

　食品開発にも大いに貢献すると思われる特性として，これも優れた高甘味度甘味料のアスパルテームと相性がよく，併用して用いると素晴らしい相乗効果を発揮する。

　本書は，アセスルファムカリウムの良さを広く知ってもらいたいと思い短期間にまとめ上げたものである。ニュートリノヴァ㈱の俣野和夫さん，大沼　明さん，武田薬品工業㈱の大倉裕二さん，木田隆生さんと私の5人の共著である。それぞれの得意なところを選んで執筆したが，まとめてみると特徴が網羅された1冊になった。それは，アセスルファムカリウムの開発・利用に携わった方々の成果であると思われる。

　巻末に「日本の甘味料の歴史」を付け加えさせていただいた。食品化学新聞に連載している「調味および調味料」の中から「甘味料の歴史」の部をまとめたものである。あわせて読んでいただければ幸いである。

　最後に，本書発刊を機にアセスルファムカリウムのファンがもっとたくさん出来ることを期待してやまない。

平成14年3月

　　　　　　　　　　　　　　　　　　　　執筆者を代表して

　　　　　　　　　　　　　　　　　　　　　　太　田　静　行

目　　　次

1. アセスルファムカリウムの歴史と使用状況 ………… 1

　1.1　アセスルファムカリウムの歴史 ……………………… 1
　1.2　認可の経緯 ………………………………………………… 1
　1.3　国際的使用状況 …………………………………………… 2
　1.4　他の高甘味度甘味料との比較 ………………………… 4
　1.5　アセスルファムカリウムの生産 ……………………… 5
　1.6　アセスルファムカリウムの成分規格 ………………… 5

2. アセスルファムカリウムの特性 …………………………… 7

　2.1　甘味料としてのアセスルファムカリウム …………… 7
　2.2　アセスルファムカリウムの諸特性 …………………… 9
　　2.2.1　物理・化学的特性 ………………………………… 9
　　　1) 名　　称 ………………………………………………… 9
　　　2) 溶 解 性 ………………………………………………… 9
　　　3) 浸 透 性 ……………………………………………… 11
　　　4) 安 定 性 ……………………………………………… 11
　　　5) 共存する食品成分との反応性 ………………… 11
　　　6) 食品中のビタミンに及ぼす影響 ……………… 12

目　　次

　　　　7）環境への影響 ……………………………… 12
　　　　8）そ の 他 ……………………………………… 13
　　2.2.2　生理学的特性 ………………………………… 13
　　　　1）代 謝 性 ……………………………………… 13
　　　　2）非う蝕性 ……………………………………… 14
　　　　3）インスリンの分泌と血糖値による影響 ………… 14
　　2.2.3　官能特性 ……………………………………… 15
　　　　1）甘 味 度 ……………………………………… 15
　　　　2）甘味の特性 …………………………………… 18

3. 他の呈味物質との併用効果 ……………………… 23

　3.1　他の甘味料との併用効果 ……………………………… 23
　3.2　マルチスウィートナー・コンセプト …………………… 24
　　3.2.1　味質の向上 …………………………………… 25
　　3.2.2　甘味度の向上 ………………………………… 26
　　3.2.3　製品安定性の補完 …………………………… 27
　　3.2.4　さまざまな甘味料との相乗効果 ……………… 27
　　3.2.5　マルチスウィートナー・コンセプトプラス …… 29
　　3.2.6　砂糖とアセスルファムカリウムの併用 ………… 29
　3.3　甘味以外の呈味物質との併用効果 …………………… 31

4. アセスルファムカリウムの安定性 ……………… 34

　4.1　粉末状態での安定性 ………………………………… 34

目　　次

　　　4.1.1　室温保存時の安定性 …………………………… 34
　　　4.1.2　加熱に対する安定性 …………………………… 35
　4.2　水溶液中での安定性 ………………………………… 35
　　　4.2.1　5℃および20℃での安定性 …………………… 37
　　　4.2.2　40℃での安定性 ………………………………… 37
　　　4.2.3　100℃での安定性 ……………………………… 38
　4.3　加工時の安定性 ……………………………………… 39
　4.4　保存時の安定性 ……………………………………… 39
　4.5　酵素などに対する安定性 …………………………… 40

5.　アセスルファムカリウムの安全性 ………………… 41
　5.1　国際機関における安全性の評価 …………………… 41
　5.2　アセスルファムカリウムの安全性試験 …………… 42
　5.3　体内動態試験（代謝に関する試験）……………… 43
　5.4　単回投与試験（急性毒性）………………………… 43
　5.5　反復投与試験 ………………………………………… 44
　　　5.5.1　ラットを用いた90日間反復投与毒性試験 … 45
　　　5.5.2　ラットを用いた2年間反復投与
　　　　　　毒性および発ガン性試験 ……………………… 45
　　　5.5.3　マウスを用いた80週間発ガン性試験 ……… 46
　　　5.5.4　イヌを用いた2年間反復投与毒性試験 …… 46
　5.6　繁殖および催奇形性試験 …………………………… 46
　　　5.6.1　ラットを用いた繁殖および催奇形性試験 … 47
　　　5.6.2　ウサギを用いた催奇形性試験 ……………… 47

目　　次

　5.7　抗原性試験 ………………………………… 47
　5.8　変異原性試験 ………………………………… 48
　5.9　一般薬理試験 ………………………………… 48
　5.10　その他の試験 ………………………………… 49

6.　アセスルファムカリウムの分析方法 …………… 50
　6.1　概　　論 ………………………………………… 50
　6.2　試料液の調製方法 …………………………… 50
　6.3　分析の条件 …………………………………… 52

7.　食品用途と使用基準 ……………………………… 54
　7.1　アセスルファムカリウムの食品での効果 …… 54
　　7.1.1　高い安定性 ………………………………… 54
　　7.1.2　高い甘味度 ………………………………… 54
　　7.1.3　甘味の発現が速くキレがよい …………… 55
　　7.1.4　ノンカロリー，非糖質 …………………… 56
　　7.1.5　非う蝕性 …………………………………… 57
　　7.1.6　他の物質と反応しにくい ………………… 57
　　7.1.7　高い浸透性 ………………………………… 57
　　7.1.8　他の甘味料と相性がよい ………………… 58
　7.2　標準使用量 …………………………………… 60
　7.3　使用基準 ……………………………………… 60

目　　次

8. 代表的な食品の処方例 …………………… 62

8.1 飲　　料 …………………………………… 62
8.1.1 概　　論 …………………………… 62
8.1.2 缶コーヒー ………………………… 63
8.1.3 ニアウォーター …………………… 64
8.1.4 乳酸菌飲料 ………………………… 66
8.1.5 コ　ー　ラ ………………………… 66
8.1.6 ストレートティー ………………… 68

8.2 菓　　子 …………………………………… 68
8.2.1 概　　論 …………………………… 68
8.2.2 ミルクチョコレート ……………… 69
8.2.3 口中清涼菓子 ……………………… 70
8.2.4 キャンディー ……………………… 71
8.2.5 チューインガム …………………… 72
8.2.6 コーヒーゼリー …………………… 72

8.3 農・水産加工品 …………………………… 73
8.3.1 概　　論 …………………………… 73
8.3.2 ラッキョウ甘酢漬け ……………… 74
8.3.3 はちみつ漬け梅干し ……………… 74
8.3.4 ショウガ甘酢漬け ………………… 76
8.3.5 金時豆の煮豆 ……………………… 77
8.3.6 煮豚調味液 ………………………… 80

8.4 そ の 他 …………………………………… 80
8.4.1 概　　論 …………………………… 80

目　次

　　8.4.2　粉末飲料 …………………………………… 80

　　8.4.3　卓上甘味料 ………………………………… 82

参考レシピー集 ……………………………………………… 85

　オレンジ果汁入り清涼飲料　85

　ラクトアイス　85

　オレンジシャーベット　86

　クッキー　86

　ポテトチップスまぶし粉（チーズ風味，バーベキュー風味）　87

　米菓まぶし粉　88

　口中清涼菓子　88

　ヨーグルト　89

　カスタードプリン　89

　水ようかん　90

　焼き肉のたれ　90

　すき焼きのたれ　91

　めんつゆ（ストレートタイプ）　91

　こしあん　92

　福神漬け調味液　92

　海苔佃煮　93

　昆布佃煮　93

　すし酢　94

　イチゴジャム　94

参考文献 …………………………………………………… 95

目　　次

特別寄稿　日本の甘味料の歴史 …………………………… 97

1. 日本の甘味料 ……………………………………………… 97
   1.1　先史時代 ………………………………………………… 97
   1.2　奈良時代 ………………………………………………… 98
   1.3　平安時代 ………………………………………………… 100
   1.4　鎌倉時代 ………………………………………………… 102
   1.5　室町時代 ………………………………………………… 103
   1.6　安土桃山時代 …………………………………………… 105
   1.7　江戸時代 ………………………………………………… 108
   1.8　明治・大正時代 ………………………………………… 110
   1.9　昭和の前半（戦中戦後を含めて） …………………… 113
   1.10　現　　代 ……………………………………………… 115
2. 最近の高甘味度甘味料 …………………………………… 117

高甘味度
甘味料

アセスルファム
K カリウム

1. アセスルファムカリウムの歴史と使用状況

1.1 アセスルファムカリウムの歴史

　アセスルファムカリウムは，ドイツのヘキスト社において開発された化学名6-メチル-1,2,3-オキサチアジン-4($3H$)-オン-2,2-ジオキシドカリウム（Potassium salt of 6-methyl-1,2,3-oxathiazin-4($3H$)-one-2,2-dioxide）で，砂糖の約200～250倍の甘味を有している。アセスルファムカリウムは，1967年，ヘキストAG（ドイツ・フランクフルト）の研究所で，他の研究実験中にある物質に強い甘味があることを偶然に発見したことを契機に開発された甘味料である。発見者はカール・クラウス博士とハラルド・イエンセン博士で，各種のオキサチアジノンジオキシド誘導体について調査した結果，検討された多くの物質の中から，甘味度が高く甘味質が良いアセスルファムカリウムが新しい甘味料として世の中に出ることになった。

1.2　認可の経緯

　アセスルファムカリウムは，国外において食品添加物として幅広く使用されている実績があり，国内においても，ニュートリノ

1. アセスルファムカリウムの歴史と使用状況

ヴァ・ジャパン株式会社と武田薬品工業株式会社が，平成11年1月18日に食品添加物の新規指定要請を行い，食品衛生調査会の審議を経て，平成12年4月25日に正式に食品添加物として指定され，わが国においても食品添加物としての使用ができるようになった。

1.3　国際的使用状況

アセスルファムカリウムは高甘味度甘味料として，飲料，菓子，焼菓子，ヨーグルト，デザート，ピクルス，卓上甘味料など幅広い用途があり，ニュートリノヴァ社で商品名「サネット® (Sunett®)」として製造・販売され，世界において4,000種類以上の商品に使用されている。

1983年に世界で一番早くサネット®の使用が許可されたイギリスでは，近年シュガーリプレイスメントの概念が浸透し，100%人工甘味料を用いたノンカロリーまたは低カロリーのダイエット製品への使用のみではなく，砂糖との併用により，一般製品のコスト低減やカロリーの低減を目的として幅広く使用されている。また，最近では単に砂糖に近い甘味質を目指すという観点のみではなく，他の甘味料との併用の割合を変えることで甘味質およびフレーバーに特長を持たせ，よりターゲットを絞り込んで消費者に好まれる甘味を追求するという新しい傾向が見られる。

1.3 国際的使用状況

表 1.1 アセスルファムカリウム開発年表

年	事　項
1967	クラウスおよびイェンセン，オキサチアジノンジオキシドが甘味を有することを発見
1967	オキサチアジノンジオキシド誘導体の研究開始
1970	アセスルファムカリウムの理化学的試験開始
1973	アセスルファムカリウムの安全性試験開始
1975	アセスルファムカリウムの利用試験，呈味性試験，安定性試験開始
1980	FAO/WHO に対し安全性データ提出，評価開始 ヨーロッパ各国に対し，食品添加物の認可申請
1982	アメリカに対し食品添加物の認可申請
1982	日本における品質試験，官能検査，利用試験などを開始：武田薬品工業㈱
1983	FAO/WHO, ADI（0～9mg/kg 体重）を設定 イギリスにおいて食品添加物の認可取得 以後順次，各国で認可取得
1984	ヨーロッパ共同体（EC），ADI（0～9mg/kg 体重）を設定
1988	7月　アメリカにおいて食品添加物の認可取得，ADI（0～15mg/kg 体重）を設定
1990	6月　FAO/WHO, ADI を 0～15mg/kg 体重に改定
1998	7月　アメリカにおいてノンアルコール飲料用途の食品添加物の認可取得
1999	1月　日本において食品添加物の新規指定要請
2000	4月　日本において食品添加物として指定
2001	3月　世界 100 か国で認可

1.4 他の高甘味度甘味料との比較

　現在，日本において食品添加物として指定されている高甘味度甘味料としては，アスパルテーム，アセスルファムカリウム，グリチルリチン酸二ナトリウム，サッカリン，サッカリンナトリウム，スクラロースがある。先味で，後引きが少なく，安定，他の甘味料と相乗効果のあるアセスルファムカリウムは，どのような用途にも使用しやすい高甘味度甘味料である。

表1.2　各種高甘味度甘味料の性質

	アセスルファムカリウム	アスパルテーム	スクラロース	サッカリンナトリウム	グリチルリチン	(参考)ステビア
甘味度	約200倍	約200倍	約450〜600倍	約400倍	100倍	160倍
甘味質	先味で後引きが少ない	後甘味でわずかに後引きがある	後甘味で後引きがある	先甘味	後引きがあり特有の甘味質を示す	特有の甘味の後引きがあるが，抽出条件により異なる
水溶性(20℃)	27g/100mL	1g/100mL	28.3g/100mL	88.33g/100mL		
pH安定性	安定 pH3〜7において	やや不安定 pHや温度による	安定 pH3〜7において	安定 pH3〜7において		

1.5　アセスルファムカリウムの生産

本品の生産はニュートリノヴァ社本社工場（ドイツ・フランクフルト）で行われ，酢酸誘導体を原料とした製造方法は世界の多くの国々で特許を取得している。また HACCP, GMP および ISO 9001 にも適合している。

生産は，以下のような工程で行われている。

　　ジケテン → （合成反応） → （環化反応） → アセスルファム環（Sweetener Acid）→ （中和）水酸化カリウム → アセスルファムカリウム → （充填・小分け包装）→ サネット®

ニュートリノヴァ社はヘキスト社の分社化に伴い，ヘキスト社の100％子会社として1997年に発足した。その後，ヘキスト社とローヌプーラン社の合併に伴う統廃合により，1999年にセラニーズ社（元ヘキストの子会社）の100％子会社となり，現在に至っている。

1.6　アセスルファムカリウムの成分規格

アセスルファムカリウムの成分規格を表1.3に示す。

1. アセスルファムカリウムの歴史と使用状況

表1.3 アセスルファムカリウムの成分規格

項　　目	日　　本	JECFA*	FCC**
性　状	白色の結晶性の粉末で、においがなく、強い甘味がある	無臭、白色の結晶性粉末で、強い甘味がある	白色、無臭の結晶性粉末で、甘味がある
確認試験			
(1) UV吸収	λ_{max}：227±2nm	λ_{max}：227±2nm	λ_{max}：227±2nm
(2) カリウム塩	陽性	陽性	陽性
(3) 沈殿反応	陽性	陽性	陽性
純度試験			
(1) 溶状	無色、透明（1.0g、水5mL）	――	――
(2) 液性	pH(1%) 5.5〜7.5		pH(1%) 6.5〜7.5
(3) 重金属（Pbとして）	10μg/g以下	1mg/kg以下	10mg/kg以下
(4) 鉛（Pb）	1.0μg/g以下		1mg/kg以下
(5) ヒ素	4.0μg/g以下（As_2O_3として）		
(6) フッ化物（Fとして）	3.0μg/g以下	3mg/kg以下	0.003%以下
(7) 有機不純分	他の紫外線吸収物質：アセスルファムカリウムとして20μg/g以下	UV活性成分、20mg/kgの試験適合	
(8) カリウム			17.0〜21.0%
乾燥減量	1.0%以下	1.0%以下	1.0%以下
含　量	99.0〜101.0%	99.0〜101.0%	99.0〜101.0%

＊ FAO/WHOの合同食品添加物専門家委員会
＊＊ アメリカの食品添加物規格

2. アセスルファムカリウムの特性

2.1 甘味料としてのアセスルファムカリウム

　甘味料の種類は極めて多いが，甘味度によって低甘味度甘味料と高甘味度甘味料に大別できる。

　表 2.1 に示すように，砂糖の甘さと同程度のものを低甘味度甘味料と呼び，これには種々の糖類と糖アルコールが含まれる。また，砂糖の数十倍から数百倍の甘さをもつ一群の甘味料を，高甘味度甘味料と呼んでいる。

　現在，食品添加物として使用できる高甘味度甘味料は，アスパルテーム，アセスルファムカリウム，グリチルリチン類，サッカリンナトリウム，スクラロース，ステビア（ステビオサイド），ソーマチンである。

　アセスルファムカリウムは高甘味度甘味料で，安定性に優れ，良好な甘味を有し，無エネルギーである。その性状および特性は次のとおりである。

- 性　状：白色の結晶性粉末で，においがなく，強い甘味がある。
- 甘味度：ショ糖の約 200 倍の甘さ（3%ショ糖溶液）を有する。
- 甘味質：すっきりとキレのある甘味で甘味の発現が早く，後

2. アセスルファムカリウムの特性

表 2.1 甘味料の種類と特徴

	品　名	甘味度	甘味の特色
	砂　糖	1.0	
低甘味度甘味料	でん粉糖 　異性化糖 　ブドウ糖 　水　飴 　果　糖 　乳　糖 　麦芽糖 　オリゴ糖	 1.0 0.7 0.4 1.2 0.4 0.3 0.5	 爽やかなあっさりした味 清涼感のある甘味 コクのある甘味 爽やかな甘味 マイルドな甘味 コクのある甘味 砂糖に近い甘味
高甘味度甘味料	アセスルファムカリウム サッカリンおよび Na 塩 アスパルテーム グリチルリチン酸 Na	200 200〜700 200 200〜500	砂糖によく似た甘味 わずかに苦味のある強い甘味 砂糖に近い爽やかな甘味 特有の甘さの後味がある
	カンゾウ抽出物 ステビア抽出物 ソーマチン	200 300 1,000	あとに尾を引く甘味 特有の甘味 清涼感のある甘味

　　　味が少ない。
・安定性：酸，熱，酵素に対し安定である。
・溶解性：水に容易に溶解する。
・代謝性：ノンカロリー（分解されることなく排泄される）である。
・う蝕性：非う蝕性である（虫歯の原因物質とならない）。
・安全性：各種動物試験で安全性が確認されている。JECFA において評価済みであり，1日摂取許容量（ADI）は，0〜15mg/kg 体重/日と設定されている。

高甘味度甘味料を食品に利用する場合，考慮すべき種々の実用

的性質がある。これは高甘味度甘味料の物理・化学的性質によるものであるが，例えば，糖尿病の食事の場合にはカロリーの少ないことが望まれ，漬物の場合には発酵性や褐変性の少ないことが要望される。

2.2 アセスルファムカリウムの諸特性

2.2.1 物理・化学的特性
1) 名　　称
(1) 一般名：アセスルファムカリウム（アセスルファム K）
　　　　　　Acesulfame Potassium（Acesulfame K）
(2) 化学名：6-メチル-1,2,3-オキサチアジン-4($3H$)-オン-2,2-ジオキシドカリウム

2) 溶　解　性

高甘味度甘味料は，水に溶かして使用する場合が多い。水への溶解度は高い方が望ましい。

アセスルファムカリウムは水に溶けやすく，20℃での溶解度は約27g/100mL である。

水溶液は貯蔵安定性に優れており，濃縮液として保存，使用ができる。

図2.1 に各温度での水溶液中の溶解度を示す。

図に示したように，アセスルファムカリウムは一般の化合物と同様，温度が高いほど溶解度が増加する。また，アセスルファムカリウムはpH の影響も受けにくい。

アセスルファムカリウムは，エタノール，グリセリン，プロビ

2. アセスルファムカリウムの特性

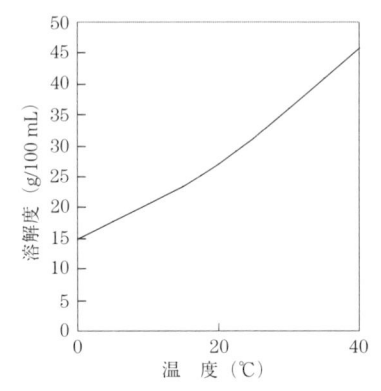

温　度（℃）	0	20	40
溶解度（g/100mL）	15	27	46

図 2.1　各温度でのアセスルファムカリウムの溶解度

表 2.2　アセスルファムカリウムの各種溶液への溶解性

溶　液	20℃における溶解性（g/L）
水	270（参考値）
エタノールと水　（80:20, v/v）	46
〃　　　　　　（40:60, v/v）	155
〃　　　　　　（20:80, v/v）	221
グリセリンと水　（80:20, v/v）	82
〃　　　　　　（50:50, v/v）	162
プロピレングリコール	45
低甘味度甘味料溶液	
果糖シロップ　　　　　（50wt%）	約 150
ソルビトールシロップ　（70wt%）	約 75
マルチトールシロップ　（80wt%）	約 100
パラチニットシロップ　（25wt%）	約 270
エリスリトール　　　　（37wt%）	約 200

レングリコールの溶液また果糖,糖アルコールなどの低甘味度甘味料溶液にもよく溶ける(表2.2)。

3) 浸 透 性

アセスルファムカリウムの浸透圧は,糖類や他の高甘味度甘味料と比較して極めて高い(図7.1参照)。

高甘味度甘味料に限らず,化学物質は分子量が少ない方が浸透性は高い。アセスルファムカリウムの分子量は200程度で,糖や糖アルコールなどの一般の甘味料に比べてかなり小さい。したがって,アセスルファムカリウムは浸透性が強く,食品への浸透が速いので,漬物などに利用する時に利点となる。

4) 安 定 性

粉末状態および水溶液中での安定性は高く,一般的な食品の加工および保存の条件下では極めて安定である。安定性については4章で詳しく述べる。

5) 共存する食品成分との反応性

アセスルファムカリウムは化学構造上からも反応性に乏しく,他の食品成分とは反応しないと考えられ,確認のためアセスルファムカリウムと一般的な食品成分との反応性を調べた。粉末状の食品成分例では,糖質としてブドウ糖,デキストリンを,アミノ酸としてグリヒン,L-グルタミン酸ナトリウム,L-リシン塩酸塩を,有機酸としてクエン酸を,このほか酵素活性をもつ食材として小麦粉を選択した。これらの成分中にアセスルファムカリウムを1%添加し,5℃および40℃に保存し,HPLC法により残存量を測定したところ,糖質,アミノ酸,小麦粉中では,5℃および40℃で10週間保存後も安定であった。クエン酸中では,

5℃，10週間保存後で残存率に低下は認められなかったが，40℃，5週間保存後の残存率は86%であった。このほか，液状の食品成分例として，2%食塩水，30%エタノール溶液などでアセスルファムカリウムの反応性を調べたが，いずれの溶液中でも安定であった。

6) 食品中のビタミンに及ぼす影響

アセスルファムカリウムをビタミンC含有果汁入り清涼飲料に添加し，そのビタミンCに対する影響を40℃，1ヵ月保存後のビタミンC残存率や色調について調査した結果，ビタミンCの安定性や色調の変化など，アセスルファムカリウムよる影響は認められなかった。

7) 環境への影響

アセスルファムカリウムの製造工程，物理的性質および環境への排出から見て，環境への影響は非常に低いレベルであると考えられ，アセスルファムカリウムとその加水分解物に関する安全性試験の結果は，それらが自然環境のいかなる状況にも害を与えないことを明確にしている。環境中の生物に対する毒性試験では，次のような結果が得られた。

下水処理あるいは下水において予想される最大のアセスルファムカリウム濃度よりもはるかに高い濃度で行った試験（長期の使用後でさえも）において，アセスルファムカリウムはミジンコ属に対して無害であり，ゼブラフィッシュ，Golden orfes，あるいは微生物似対しても無害だった。

観察時間96時間のゼブラフィッシュの急性毒性試験では，LC_{50}（Half Lethal Concentration）が1,800〜2,500mg/Lとなり，

下水中の最大濃度の最低 60,000 倍である。

生分解試験では，真菌をはじめ *Pseudomonas* 属など 18 種の菌種が，ゆっくりではあるが，完全に分解するという結論を得ている。

8) その他
(1) 着色性
糖類を混合した食品は，保存や加熱によって着色する。特にアミノ酸と共存すると着色は顕著なものになる。着色は食品によっては好ましいこともあるが，飲料，漬物などの場合は着色しないことが望ましい。

褐変はメイラード反応（アミノ-カルボニル反応）と呼ばれるもので，糖とアミノ酸が共存するときに起こる。アセスルファムカリウムなどの高甘味度甘味料の場合は着色性がなく，飲料，漬物などに適している。

(2) 発酵性
糖類は微生物によって発酵が起こる。この発酵性は多くの食品加工では望ましい性質であるが，漬物などでは保存上困ることがある。この点，アセスルファムカリウムなどの高甘味度甘味料は発酵性がなく，利点の一つとなっている。

2.2.2 生理学的特性
1) 代謝性
糖類は体内で代謝されてエネルギー源となるが，その消費量よりも摂取量の方が多いと肥満の原因となる。

アセスルファムカリウムは生体内で代謝されないので，カロリ

2. アセスルファムカリウムの特性

一摂取に寄与しないノンカロリーの甘味料である。すなわち、糖質甘味料などカロリーのある甘味料をアセスルファムカリウムで代替することにより、食品のカロリー量を低減することができる。

アセスルファムカリウムのラット、イヌ、ブタを用いた代謝試験では、摂取量の80%以上が速やかに吸収され、24時間後に投与量のほぼ100%が代謝されずにそのまま尿および糞中に排泄される。

2) 非う蝕性

う蝕性とは、簡単に言えば「虫歯になりやすい」ということである。う蝕の原因は糖質にあり、不溶性のグルカンを作り、その内部では酸を生成して歯の成分を溶解させる。

実験結果によると、口腔内のバクテリアはアセスルファムカリウムを代謝せず、虫歯の原因となる歯垢あるいは有害な酸に変わることはないことが確認されている。すなわち、アセスルファムカリウムは、う蝕の原因となる不溶性のグルカンや酸生成の基質にならない。また、アセスルファムカリウムは、口腔内細菌によるう蝕を誘発しない非う蝕性の甘味料である。

3) インスリンの分泌と血糖値による影響

高甘味度甘味料であるアセスルファムカリウム、アスパルテームおよびサッカリンの摂取による影響を、血糖値の低下を引き起こすインスリンの分泌について試験を行った。

8人の女性、6の男性からなる健康な14名の19歳から25歳のヒトに対して試験を行った。試験溶液として水330mLと、それぞれ水330mLにショ糖33g、アセスルファムカリウム165mg、

アスパルスーム165mgおよびサッカリン75mgを加え甘味度を一定にし，被験者に摂取させ，投与後5分，10分，15分，30分，60分，120分における静脈血を4mL採血し，インスリンと血糖値の変化を測定した。

また，6日後の血清脂質とリポタンパクを測定した。1回の試験では水とショ糖を対照として，上記の異なった試験溶液を用いて6日間試験を行った。

試験の結果，120分後のインスリンと血糖値はアセスルファムカリウム，アスパルテーム，サッカリンは水と等しいものであった（表2.3，2.4）。

糖類は栄養上必要なものであるが，糖尿病患者などではエネルギー源が制約される。高甘味度甘味料は，糖尿病患者に使われることが多い。

糖尿病には種類があるが，インスリンの分泌量と血糖値には深い関係がある。血糖値は糖の吸収性に左右されると言ってよい。アセスルファムカリウムは腸内に吸収されるが，糖質ではないので血糖値が上がることはない。また，アセスルファムカリウムに起因するインスリン分泌の誘発もない。したがって，糖尿病患者がアセスルファムカリウムを使用した甘い食品を楽しんでも，一向に構わないことになる。

2.2.3 官能特性
1) 甘味度
甘味度は砂糖（ショ糖）の甘さを標準として，砂糖の甘さを100とするとき甘味度といい，砂糖の甘さを1とするとき甘味強

2. アセスルファムカリウムの特性

表 2.3 血漿中インスリン濃度に与える高甘味度甘味料の影響

$n=14$

試 験 物 質	血漿中インスリン濃度 (μU/mL)					
	0分	5分	10分	15分	30分	60分	120分
水	9.78±1.68	9.81±2.02	10.09±2.64	9.95±2.30	9.52±2.24	11.10±7.13	11.12±5.43
ショ糖	9.93±2.50	14.26±4.62	21.06±4.04	28.04±7.94	32.93±7.99	16.77±5.96	11.45±3.88
アスパルテーム	10.57±2.94	11.68±4.19	11.74±3.67	10.77±3.35	9.63±2.20	9.80±2.06	9.40±1.59
アセスルファムカリウム	10.00±2.75	9.52±2.60	10.24±2.68	9.78±2.52	9.65±2.35	9.55±3.32	9.71±3.17
サッカリン	10.91±2.54	11.50±3.76	11.45±4.41	11.26±2.37	10.44±2.00	10.63±2.47	10.7±1.73

表 2.4 血糖値に与える高甘味度甘味料の影響

$n=14$

試 験 物 質	血 糖 値 (mmol/L)					
	0分	5分	10分	15分	30分	60分	120分
水	4.87±0.27	4.86±0.27	4.93±0.40	4.91±0.47	5.05±0.46	4.81±0.48	4.92±0.33
ショ糖	5.25±0.44	5.58±0.58	6.26±0.58	7.00±0.99	7.44±1.09	4.69±1.40	4.58±0.60
アスパルテーム	4.56±0.48	4.58±0.84	4.60±0.63	4.54±0.63	4.80±0.53	4.23±0.74	4.85±0.58
アセスルファムカリウム	4.79±0.46	4.81±0.49	4.84±0.38	4.96±0.46	4.98±0.35	4.63±0.39	4.89±0.40
サッカリン	4.51±0.44	4.67±0.40	4.60±0.37	4.75±0.44	4.73±0.40	4.55±0.51	4.85±0.49

2.2 アセスルファムカリウムの諸特性

度と呼んでいる。

種々の甘味料の特性を評価する場合，その一つは甘味の強さ，もう一つは甘味の性質である。

(1) いき値

アセスルファムカリウムのいき（閾）値を各種の温度で測定した結果を表2.5に示した。いき値とは，ある成分を水で薄めていって，その味を感じることができる最低の濃度をいい，最低呈味濃度ともいう。いき値が大きいということは，かなりの量がないとその味を感じないということであり，いき値が小さいということはかなり薄めてもその味を感じることができ，"味の伸びがいい"ということである。

表2.5によると，アセスルファムカリウムの呈味いき値は室温で0.00110%であり，ショ糖のそれは0.470%であるから，いき値の比較ではアセスルファムカリウムはショ糖の約400倍も甘いということになる。

(2) ショ糖等価濃度（甘味度曲線）

甘味強度の評価のためにはショ糖を基準物質として，相対的な甘味度で表すと便利である。図2.2，図2.3は代表的な甘味料と

表2.5　アセスルファムカリウムのいき値

		5℃	室温	70℃
識別いき値 (%)	アセスルファムカリウム	0.00069	0.00042	0.00040
	ショ糖	—	0.225	—
呈味いき値 (%)	アセスルファムカリウム	0.00170	0.00110	0.00100
	ショ糖	—	0.470	—

（極限法）

の等価濃度（同等な甘味の強さを示す濃度）を測定した結果である。これらの図で，例えばグルコース（ブドウ糖）は濃度とともにショ糖に対する呈味力がいくぶん増加するが，高甘味度甘味料ではある濃度になると上昇の程度がしだいに減少し，平らに近づいてくる。

アセスルファムカリウムの甘味度は3%のショ糖溶液と比較した場合，約200倍である。対ショ糖甘味倍率は，アセスルファムカリウムの濃度が低いほど高くなる（表2.6）。

2) 甘味の特性

各種の甘味物質を味わってみると，いずれも甘いが，それぞれ

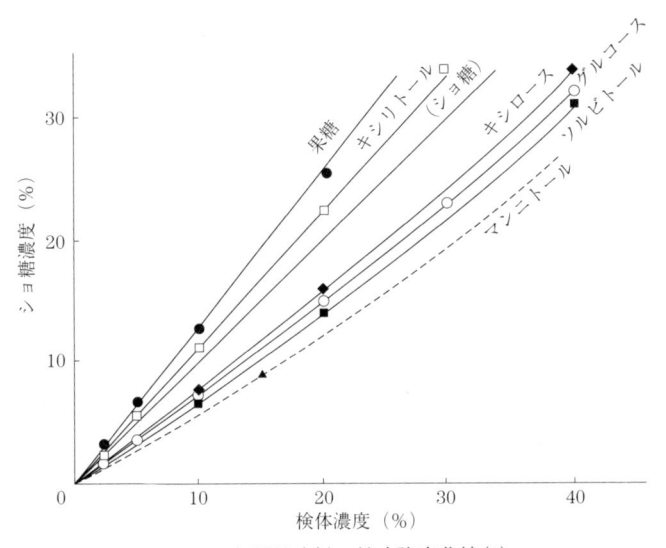

図2.2 各種甘味料の甘味強度曲線(1)

2.2 アセスルファムカリウムの諸特性

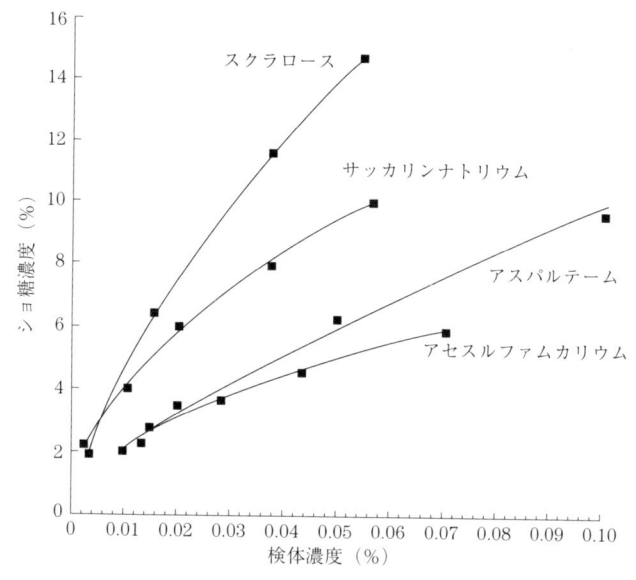

図 2.3 各種甘味料の甘味強度曲線(2)

甘さの強さが異なり,また甘さの性質にも種々の違いがある。例えば,酸味を伴う甘味,苦味を伴う甘味など,味の種類に関する

表 2.6 アセスルファムカリウムの対ショ糖甘味度

ショ糖濃度（％）	対ショ糖甘味度（倍）
2	250
3	200
4	160
5	110
6	90

2. アセスルファムカリウムの特性

もの，口に含んだ瞬間から後味および残存効果に至るまでの印象の時間的変化に関するもの，そのほかボディー，マウスフルネスなどと呼ばれる広がりの要素などの相違がある。

(1) 甘味の性質

甘味の性質は，砂糖のそれとよく似ていることが望ましい。種種の甘味料の甘味の性質を図 2.4 の尺度で評価した結果を図 2.5 に示した。アセスルファムカリウムは図に示されていないが，アセスルファムカリウムはアスパルテームと同じような性質をもっている。

また，アセスルファムカリウムの甘味質は，キレの良い甘味で，甘味の立ち上がりが早く，長く口の中に残ることはない。ただし，高濃度で使用した場合には，後味を感じることがある。

(2) 甘味を感じる時間

甘味を感じる時間は，実際に各甘味料をなめてみるとよく分かるが，図 2.6 に示したように，例えばグリチルリチンの場合，な

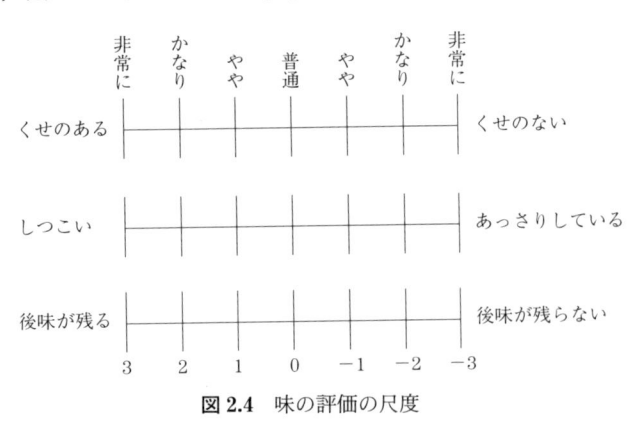

図 2.4 味の評価の尺度

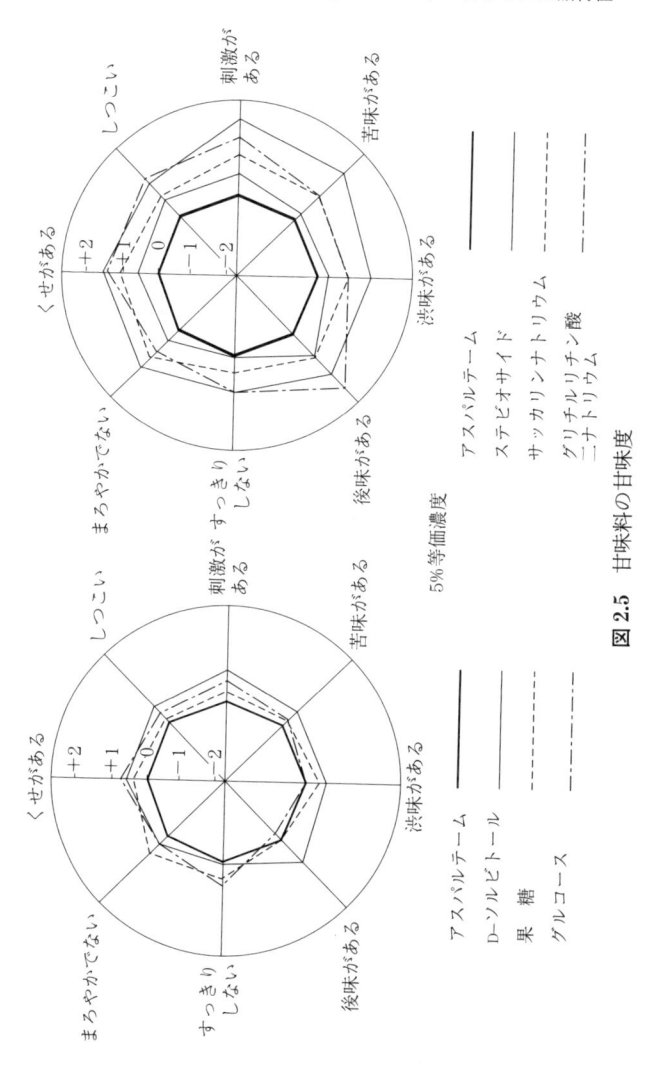

2.2 アセスルファムカリウムの諸特性

図 2.5 甘味料の甘味度

2. アセスルファムカリウムの特性

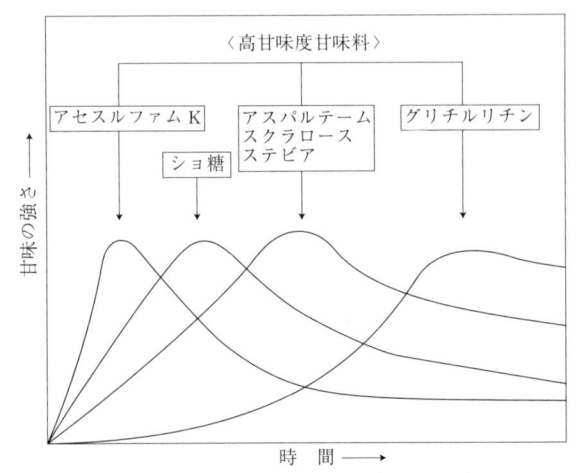

図2.6 高甘味度甘味料の甘味イメージ

め始めは味を感じず,しばらく経ってから(その間数秒はかかる)甘味を感じる。一方,アセスルファムカリウムの場合は,ショ糖よりも早い。これが,アセスルファムカリウムは甘味のキレが良いといわれるゆえんである。

(3) フレーバー・エンハンサーとして

アセスルファムカリウムはフレーバー・エンハンサー(風味強調剤)の効果があるようである。

アセスルファムカリウムを微量添加すると,チョコレートの場合,その甘味や苦味よりも,フレーバーを強く感じるように思われる。アセスルファムカリウムのこの効果は,コーヒーを飲む時にも感じることができる。

3. 他の呈味物質との併用効果

アセスルファムカリウムは他の甘味料と併用することが多く，またこれに酸味，塩味などが加わることが多い。

3.1 他の甘味料との併用効果

高甘味度甘味料はそれら同士あるいは低甘味度甘味料と併用されることが多いが，その場合，相乗効果が見られたり，それぞれの特徴を発揮して，多くの利点が得られているが，併用による問題点は認められていないようである。

アセスルファムカリウムは他の甘味料と併用することによって，相乗的な甘味の強化と甘味質の向上が得られる（図3.1）。また，アセスルファムカリウムは2章にも述べたように，アスパルテームと併用すると，甘味を感じる時間が砂糖のそれと極めて近いものとなる。

アセスルファムカリウムは組み合わせる甘味料や混合比率を変えることによって，望みどおりの甘味を得ることができる。また，アセスルファムカリウムと組み合わせる甘味料の保存安定性が良くない場合，その甘味料の甘味持続性を補うことができる。

3. 他の呈味物質との併用効果

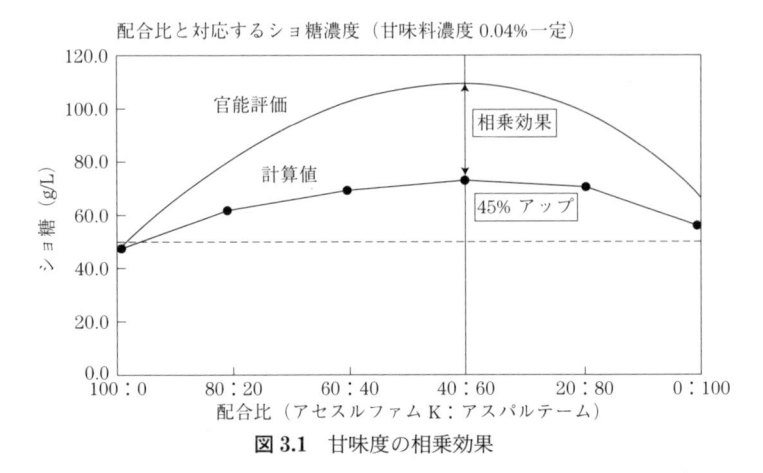

図 3.1　甘味度の相乗効果

（グラフ：配合比と対応するショ糖濃度（甘味料濃度 0.04％一定）、縦軸 ショ糖 (g/L)、横軸 配合比（アセスルファム K：アスパルテーム）、官能評価、計算値、相乗効果、45％アップ）

3.2　マルチスウィートナー・コンセプト

　アセスルファムカリウムは，他の甘味料との併用によって相乗的な甘味の強化と味質の向上などが得られることから，ニュートリノヴァ社では，これらの現象を基にマルチスウィートナー・コンセプトを開発して，各用途における他の甘味料との最適な組合せ事例を紹介している。

　飲料分野ではアスパルテームとの併用が最も多く，例えば1：1で併用すると，甘味度は 40％程度強化され，甘味質もショ糖に近いものとなり，他の高甘味度甘味料の甘味特性を補完する作用がある。

　一般に量的相乗効果はブレンド品と，それぞれの単味成分の総

3.2 マルチスウィートナー・コンセプト

量との甘味度の強さの違いであり，例えば，飲料中の10％のショ糖溶液を置き換える場合，理論的にはアセスルファムカリウムもしくはアスパルテームそれぞれの甘味料を250ppm ずつの１：１混合（合計500ppm）が必要とされる。しかし，実際はアセスルファムカリウムとアスパルテームの相乗効果により，それぞれ160ppm（合計320ppm）を混合するだけで10％ショ糖溶液の置き換えができる。これは，甘味料の使用量を36％削減できることになり，原料素材にかかる費用の節約になる。

3.2.1 味質の向上

マルチスウィートナー・コンセプトの最大の特長は味長の向上にある。

アセスルファムカリウムの特長である前甘味が，アスパルテー

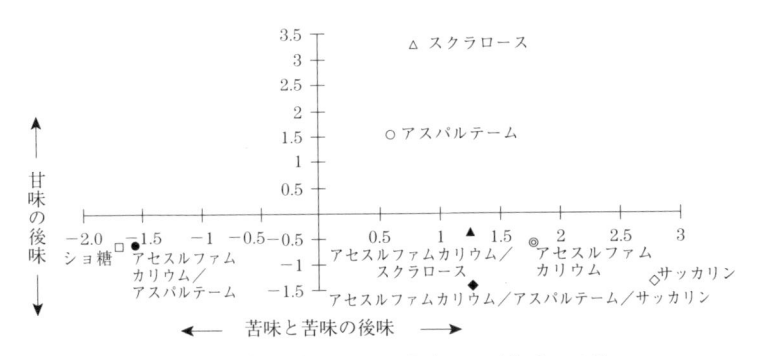

図 3.2　甘味料の併用による苦味および後味の改善

アセスルファムカリウムとアスパルテームの併用により，ショ糖により近い甘味質を作りだす。

3. 他の呈味物質との併用効果

ムと併用されることにより，ショ糖により近い味質を作り出し，また，他の高甘味度甘味料との組合せによっても，よりバランスのとれた甘味質を作り出すことができる（図3.2）。

3.2.2 甘味度の向上

アセスルファムカリウムとアスパルテームの併用により，甘味度も増強される。

図3.3にアセスルファムカリウムとアスパルテームの併用による甘味度と甘味曲線のプロフィール，図3.4に各配合比と配合量における相乗効果を示す。

(1) 100% アセスルファムカリウム
(2) 100% アスパルテーム
(3) アセスルファムカリウムとアスパルテームを1：1に配合したもの
(4) 100% ショ糖

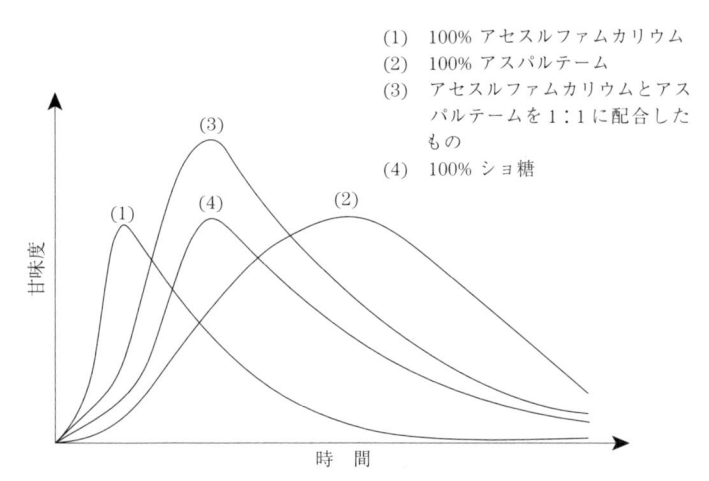

図3.3 アセスルファムカリウムとアスパルテームの併用による甘味度と甘味曲線のプロフィール
甘味度の量的な相乗効果は配合比，配合量によって変化する。

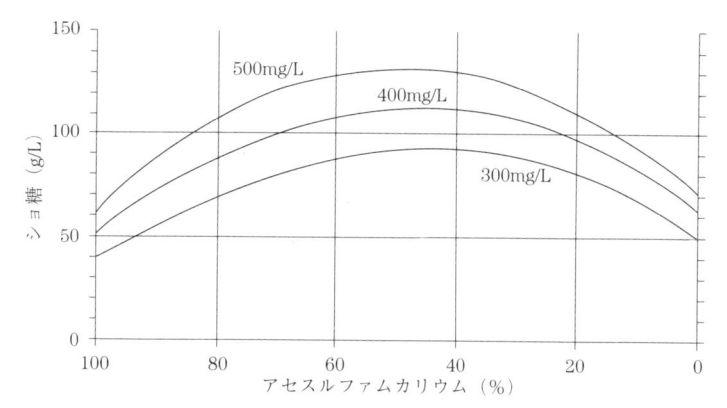

図3.4 アセスルファムカリウムとアスパルテームの各配合比と配合量における相乗効果

3.2.3 製品安定性の補完

アスパルテームとの併用の場合,アセスルファムカリウムの安定性が製品のシェルフライフに寄与する。図3.5に低pH飲料における安定性を示す。

3.2.4 さまざまな甘味料との相乗効果

アセスルファムカリウムは砂糖,果糖,糖アルコールなどの糖質甘味料との併用でも,甘味度は15〜30%程度強化され,甘味質は砂糖類似性が高まる。菓子,乳製品などのボディー感を必要とする食品に対しては,糖アルコール,脂肪代替品などとの併用が多い。

アセスルファムカリウムには,さまざまな甘味料との相乗効果

3. 他の呈味物質との併用効果

がある。

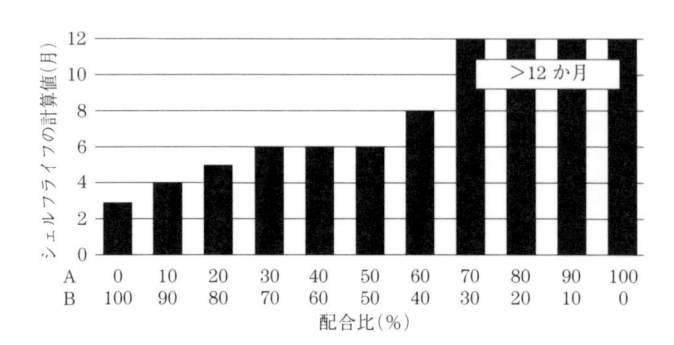

図 3.5 炭酸飲料などの低 pH の飲料におけるアセスルファムカリウム (A) とアスパルテーム (B) 併用時の安定性
シェルフライフの限度：20%以上の甘味の低下で設定。
pH 3.0, 20℃, アスパルテームの甘味低下を 8%/月として計算。

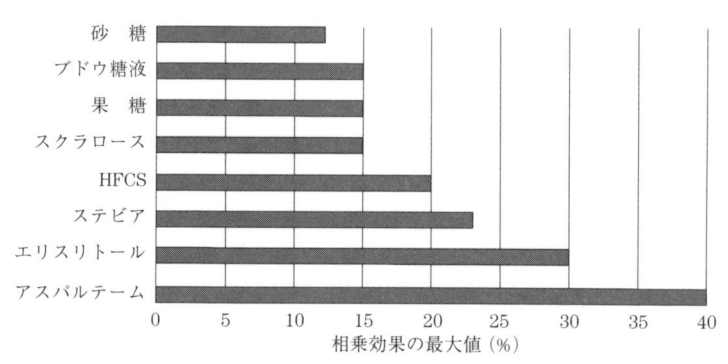

図 3.6 アセスルファムカリウムと各種甘味料の相乗効果の最大値
甘味料の併用は甘味度の向上だけでなく, 甘味の質がショ糖に近くなる。
安定で使いやすい特長のあるアセスルファムカリウムは, 様々な甘味料との併用が可能である。

図 3.6 にアセスルファムカリウムを各種甘味料と併用した場合の相乗効果の最大値を示す。

3.2.5　マルチスウィートナー・コンセプトプラス

アセスルファムカリウムの特長である安定性，相乗効果に基づくマルチスウィートナー・コンセプトをさらに発展させたマルチスウィートナー・コンセプトプラスがある。

マルチスウィートナー・コンセプトプラスは，アセスルファムカリウムのもう一つの特長である健康への貢献（カロリーの低減，非う蝕性など），経済性の向上，使い勝手のよさなどを活用するコンセプトである。

① アセスルファムカリウムを砂糖と併用すると，砂糖の甘味質を変えることなく，カロリーを低減し，経済性が向上する。アセスルファムカリウムは砂糖の良さを最大に発揮させることができる。

② 安定で，使い勝手の良いアセスルファムカリウムは，他の甘味料とのブレンドに止まることなく，健康に寄与する多くの食品素材とも容易にブレンド可能である。血糖値やインスリン分泌に何の影響も与えず，非う蝕性でノンカロリーのアセスルファムカリウムを健康訴求の新製品開発に使用可能である。

3.2.6　砂糖とアセスルファムカリウムの併用

砂糖とアセスルファムカリウムとの併用により，砂糖の甘味質をそのままにカロリーの低減，経済性の向上が可能である。アセ

3. 他の呈味物質との併用効果

従来の甘味料

・砂糖などの栄養やカロリーのある甘味料による甘味付け。

・望みの甘味を出すために，比較的大量の栄養やカロリーのある甘味料が必要。

砂糖

→

アセスルファムカリウムによる従来の甘味料の新しい使い方

アセスルファムカリウム

砂糖

・アセスルファムカリウムとカロリーのある甘味料との併用による甘味付け。

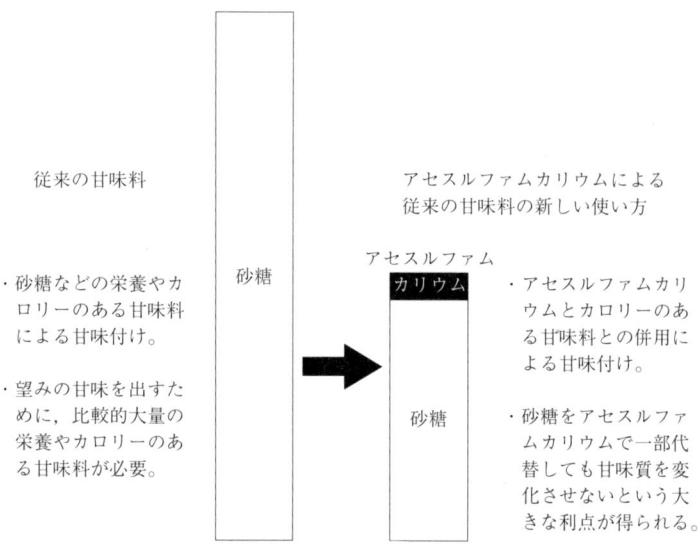

・砂糖をアセスルファムカリウムで一部代替しても甘味質を変化させないという大きな利点が得られる。

図3.7 アセスルファムカリウムによる従来の甘味料（砂糖など）の新しい使い方

スルファムカリウムは砂糖の良さを最大に発揮させることができる。

ニュートリノヴァ社では，飲料中の砂糖をアセスルファムカリウムとアスパルテームで置き換えた場合，あるいは砂糖との併用における使用量のガイドラインを，顧客の製品開発の参考資料として紹介している。各甘味料の使用量は，飲料のタイプ，フレーバーなどの種類によって違ってくる。

飲料分野では，アセスルファムカリウムとアスパルテームを併用した場合，アセスルファムカリウムの割合を多くすることでラ

表 3.1 飲料中の砂糖をアセスルファムカリウムとアスパルテームで置換する場合あるいは砂糖との併用例

対応する 砂糖濃度	アセスルファムカリウム (g/L)	アスパルテーム (g/L)	砂　　糖 (g/L)
5%	0.065 0.10 0.12	0.065 0.05 0.04	
8.4%	0.145 0.18 0.09	0.145 0.09 0.18	
10%	0.16 0.24	0.16 0.12	
8%	0.090 0.075 0.060	0.090 0.075 0.060	20 30 40
10%	0.125 0.110 0.098	0.125 0.110 0.098	20 30 40

イトでサッパリした，フルーツ系飲料に適した甘味質に，またアセスルファムカリウムの割合を少なくすることで，ボディー感と強いフレーバーをかもし出し，コーラ系飲料に適したものとなる。表 3.1 に一例を挙げる。

3.3　甘味以外の呈味物質との併用効果

　甘味食品は甘味を主体とするが，他の味，例えば酸味，塩味と併用する食品も少なくない。種々の清涼飲料では，甘味と酸味のバランスが重要視され，佃煮(つくだに)などでは食品の塩味とうま味が主体

3. 他の呈味物質との併用効果

となるが，そこに甘味が加わるとさらにおいしいものになる。こういう場合，甘味料の甘味の味質が変わらないか，変わっても良い方向に変わることが望まれる。

アセスルファムカリウムには苦味が感じられる場合があるが，アセスルファムカリウムと酸を併用する（pH が下がる）と，図 3.8 に示すように，苦味が減少するようである。

甘味に対する食塩の対比効果は甘味度が高くなるほど鋭敏となる。アセスルファムカリウムと食塩の関係については，両者を併用することにより，アセスルファムカリウムの甘味強度が向上するだけでなく，甘味が持続し，また苦味が減少する。

苦味と甘味の併用で食品がおいしくなることはチョコレートに端的に示されている。アセスルファムカリウムと苦味物質の関係についても，まだ詳細な研究はないが，アセスルファムカリウム

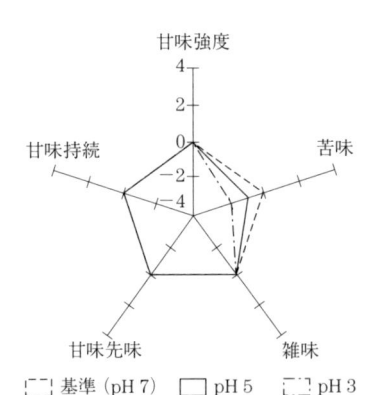

基準：アセスルファム K の甘味質 5% ショ糖等価濃度溶液（pH 7）

図 3.8 アセスルファムカリウムに及ぼす pH の影響

の添加により，コーヒーや紅茶がよりマイルドでおいしくなることは，経験上判明している。

　グルタミン酸ナトリウムはうま味調味料として塩味をマイルドなものとし，これにアセスルファムカリウムの甘味が加わることにより，食品の味をより良いものとする。

4. アセスルファムカリウムの安定性

アセスルファムカリウムの粉末状態および水溶液中での安定性は高く、一般的に食品の加工および保存に用いられる温度,pH,湿度など様々な条件下において安定である。アセスルファムカリウムが分解され,甘味の低下が認識されるような条件下では,食品の品質もまた劣化し,食用に適さないものになると判断される。

4.1 粉末状態での安定性

アセスルファムカリウムは粉末状態で,通常の条件下で保存された場合,長期間変化を認めず,極めて安定であることが確認されている。

4.1.1 室温保存時の安定性

アセスルファムカリウムの結晶性粉末をガラス製およびプラスチック製の容器に入れ,通常の実験室条件下(室温,室内散乱光下)にて保存し,外観,溶状,含量の試験を行った。その結果,最長6年近く経過した試料を含め,いずれの試料にあっても,白色無臭の結晶性粉末で,水に易溶で無色澄明の溶状を呈し,異臭などの変質を示す徴候は何ら認められなかった。また,含量の測

定結果はいずれも99.0%以上であった。

4.1.2 加熱に対する安定性

アセスルファムカリウムの結晶性粉末約30gをガラス瓶に入れ，105°Cで保存し，経時的に外観，溶状，含量の試験を行った。その結果，24時間保存後でも，白色無臭の結晶性粉末で，水に易溶で無色澄明の溶状を呈し，変色，異臭など変質を示す徴候は何ら認められなかった。また，含量の測定結果はいずれも99.0%以上で，試験開始時との間に差は認められなかった。

通常の食品加工の温度条件下では極めて安定である。例えばケーキ，クッキーなどのオーブンでの高温加熱条件下でも安定で，味質に変化はない。

表4.1 焼菓子での安定性

製　　品	焼成条件	残存率
ケ　ー　キ	200°C，60分	99.0%
ビスケット	225°C，10分	98.0%

4.2 水溶液中での安定性

アセスルファムカリウムの水溶液の安定性は高く，残存率に低下が認められたのは，例えばpH 2.7，40°C，2か月間，pH 2.6，100°C，1時間，pH 2.6，120°C，10分間のように強酸性，高温下で長時間保存された場合に限られ，低下率も10%程度にすぎなかった。

4. アセスルファムカリウムの安定性

	pH2.6	pH3	pH5	pH7
3ヵ月間	99.4	98.6	99.9	98.8
6ヵ月間	97.1	98.3	100.0	100.0
9ヵ月間	96.1	100.0	100.0	98.9
12ヵ月間	95.6	99.9	99.6	99.2

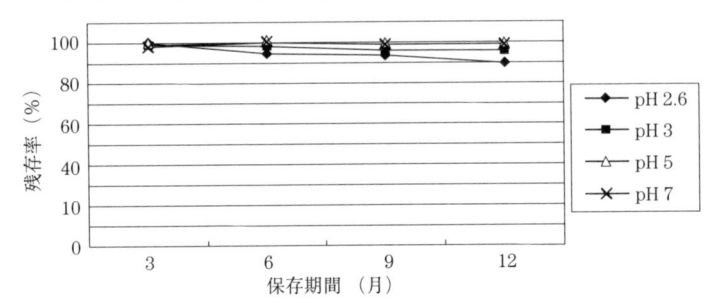

図4.1 緩衝液中のアセスルファムカリウムの安定性（5℃）

	pH2.6	pH3	pH5	pH7
3ヵ月間	100.0	99.0	99.0	98.1
6ヵ月間	94.6	98.2	100.0	100.0
9ヵ月間	93.6	96.0	98.9	98.9
12ヵ月間	89.7	95.8	99.0	99.0

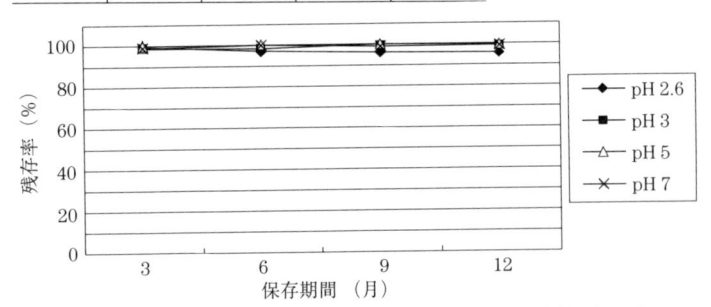

図4.2 緩衝液中のアセスルファムカリウムの安定性（20℃）

4.2 水溶液中での安定性

4.2.1 5℃および20℃での安定性

アセスルファムカリウムをpH 2.6〜7.0の緩衝液中に0.05%溶解し、無色ガラスアンプルに封入後、5℃および20℃にて保存し、HPLC法により残存量を測定した。その結果、アセスルファムカリウムは、5℃では、pH 2.6以外の緩衝液中では安定であった。20℃では、pH 3.0〜7.0の範囲の緩衝液中で安定であった。5℃、pH 2.6では6か月保存後の残存率は97.1%であった。

4.2.2 40℃での安定性

アセスルファムカリウムをpH 2.7〜7.4の緩衝液中に0.05%溶解し、無色ガラスアンプルに封入後、40℃にて保存し、HPLC

	pH2.7	pH3.5	pH7.4
1週間	99.5	100.0	100.0
2週間	98.6	100.0	100.0
1ヵ月間	91.7	100.0	100.0
2ヵ月間	85.3	100.0	100.0
3ヵ月間	78.5	97.4	100.0

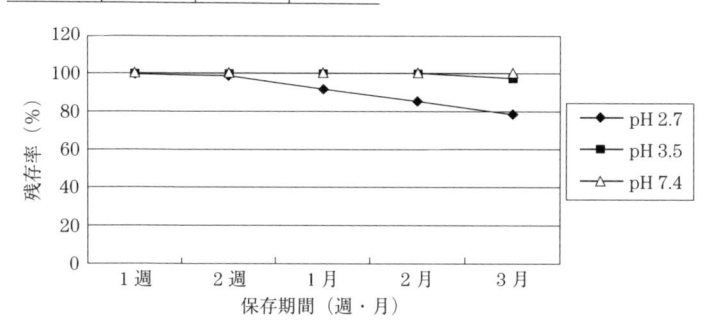

図 4.3 緩衝液中のアセスルファムカリウムの安定性（40℃）

法により残存量を測定した。その結果，アセスルファムカリウムは，40℃で2か月保存した場合，pH 3.5〜7.4の範囲の緩衝液中で安定であった。pH 2.7では2か月保存後の残存率は85%であった。

4.2.3　100℃での安定性

アセスルファムカリウムを水およびpH 2.6〜7.0の緩衝液中に0.05%溶解し，無色ガラスアンプルに封入後，100℃に加熱し，

	pH2.6	pH3	pH5	pH7
30分	96.0	100.0	100.0	100.0
60分	92.2	100.0	100.0	100.0

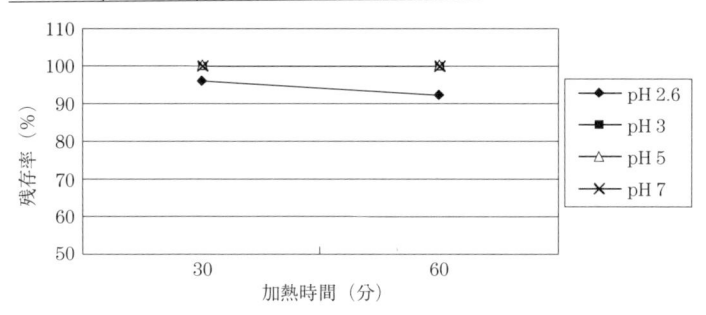

図 4.4　緩衝液中のアセスルファムカリウムの安定性（100℃）

HPLC法により残存量を測定した。その結果，アセスルファムカリウムは，100℃，60分加熱した場合，pH 3.0〜7.0の範囲の緩衝液中で安定であった。pH 2.6では，100℃，60分加熱後の残存率は92%であった。

4.3 加工時の安定性

果汁入り清涼飲料（pH 2.8，98°C，15秒間加熱），煮豆（100°C，40分間煮熟，包装後80°C，15分間加熱），めんつゆ（100°C 達温），べったら漬け（モデル調味液80°C達温，袋詰）など製造条件の異なる食品を選び，アセスルファムカリウムの食品加工時の安定性を試験した。その結果，アセスルファムカリウムの残存率は，果汁入り清涼飲料，煮豆，めんつゆ，べったら漬けにおいて，それぞれ100%，100%，100%，99%であり，アセスルファムカリウムは，酸性飲料，加熱条件の厳しい食品など各種の食品加工において安定であることが確認された。

4.4 保存時の安定性

果汁入り清涼飲料，煮豆，めんつゆ，べったら漬けを異なる温度条件下にて保存し，アセスルファムカリウムの保存安定性を検討した。表4.2にその結果を示した。

酵素活性の残存するべったら漬けでも，アセスルファムカリウムの残存率は，20°C，4週保存後で100%であり，いずれの食品

表4.2 アセスルファムカリウムの保存安定性

	残存率（%）
果汁入り清涼飲料（pH 2.8，98°C，15秒間加熱）	97（40°C，1.5か月）
煮豆（100°C，40分煮熟，包装後 80°C，15分間加熱）	100（5°C，4週）
めんつゆ（100°C 達温）	97（40°C，4週）
べったら漬け（モデル調味液 80°C 達温，袋詰）	100（20°C，4週）

4. アセスルファムカリウムの安定性

中でも高かった。以上の結果から，アセスルファムカリウムは，乾燥食品以外に，水分の多い食品，酸性飲料，漬物など各種食品中で高い保存安定性があることが確認された。

4.5 酵素などに対する安定性

アセスルファムカリウムは，化合物としての反応性に乏しい特性があるため，酵素などによる影響を受けることもなく，また，与えることもない。

5. アセスルファムカリウムの安全性

5.1 国際機関における安全性の評価

アセスルファムカリウムの安全性については，17年にわたる長い歴史があり，副作用は，これまで使用実績のあるヨーロッパやアメリカからは一例も報告されていない。

アセスルファムカリウムは，安全性を確認するために90以上に及ぶ広範囲な試験が行われ，食品添加物指定に関する指針で安全性に関して要求されている試験は全て実施されている。他に分解物であるアセト酢酸アミド-N-スルホン酸塩およびアセト酢酸アミドに関する安全性試験も実施されている。国際機関における安全性の評価として，アセスルファムカリウムの安全性をはじめとする各種の試験データは，1980年FAO/WHO合同食品添加物専門家委員会（JECFA）に提出され，1981年および1983年の二度にわたって評価を受けた。その結果，アセスルファムカリウムには変異原性，ガン原性は認められず，分解物についても，食品中の安定性からみて，毒性学的な問題は生じないと結論され，ADI（1日摂取許容量）が0〜9mg/kgと設定されると共に，A（I）リストに収載された。その後，1990年にADIについて再検討が行われ，ADIは0〜15mg/kgに改定された。一方，アメリカにおいては，1988年7月に食品添加物として許可され

5. アセスルファムカリウムの安全性

ると同時に ADI は 0〜15mg/kg と設定された。

5.2 アセスルファムカリウムの安全性試験

アセスルファムカリウムの安全性は 90 を超す試験と 65,000 ページにも及ぶデータによって裏付けされている。主な試験項目としては以下のものが挙げられる。

1) アセスルファムカリウムについての試験
   体内動態試験（代謝）
   単回投与試験（急性毒性）
   亜慢性毒性試験
   慢性毒性および発ガン性試験
   繁殖試験および催奇性試験
   抗原性試験
     皮膚一次刺激性試験
     全身アナフィラキシー試験
   変異原性試験
   一般薬理試験
   その他
   糖尿病ラットでの試験
   インスリンと血糖値への影響
2) 分解物についての試験

5.3 体内動態試験（代謝に関する試験）

アセスルファムカリウムの体内動態は，ヒト，ラット，イヌ，ブタを用いて研究された。ヒトの場合は投与後ほぼ100%が速やかに吸収され，投与後1.0～1.5時間の間に血中濃度が最高値に達した後，投与後24時間のうちに投与量のほぼ100%がアセスルファムカリウムのまま尿および糞と一緒に体外へ排出された。さらに，ラットを用いた投与後の体内分布を調べた研究では，投与されたアセスルファムカリウムは消化管，膀胱，腎臓で高濃度に検出されたが，単回投与の場合も反復投与の場合も組織中へ蓄積することはなく，また，アセスルファムカリウムの代謝物は検出されなかった。妊娠中のラットに投与した場合の体内分布についての調査では，投与により胎児へ移行するものの，24時間以内には消失し，妊娠ラットと妊娠していないラットの間では分布に差がないことが確認された。この研究により，アセスルファムカリウムは，ヒトをはじめ試験動物で，代謝を受けて分解されたり，組織内に蓄積されたりせず，そのままの形でほとんどが24時間以内に尿と一緒に体外へ排出されることが確認された。この結果は，またアセスルファムカリウムがノンカロリーであることを裏付けるものである。

5.4 単回投与試験（急性毒性）

急性毒性試験は，化学物質の1回投与によって生じた毒性効果を調べる方法であり，化学物質の安全性を検討する上で最初に行

われる試験で，この試験の結果は通常，動物の半数が死亡すると推定される投与量 LD_{50} で表されている。アセスルファムカリウムの急性毒性については，ラット，マウスへの経口単回投与試験によって研究された。

アセスルファムカリウムの経口 LD_{50} 値は，ラットで少なくとも 5,000mg/kg 体重以上，マウスでは 6,000mg/kg 体重以上だった。

5.5 反復投与試験

亜慢性毒性試験は，被検物質を比較的短期間（1か月以上，3か月以内）反復適用した際に発現する毒性で，この試験は，慢性毒性試験の予備試験や，ヒトに連用されない化学物質の毒性検索をすることが目的である。慢性毒性試験は，少なくとも2種以上の実験動物に被検物質を長期間（通常6か月以上）にわたり連日反復投与し，その際に現れる生体側の障害を検査する試験。ヒトが長期間暴露された場合に生じる毒性の予測と安全量の推定のために行う試験である。発ガン性試験は，実験動物に被検物質を投与して，その化学物質による組織・器官での発ガンの有無を検査する試験。通常長期にわたる観察がなされ，げっ歯類動物では18～24か月以上に及ぶことが多い。

アセスルファムカリウムの亜慢性毒性，慢性毒性および発ガン性については，以下のような試験により研究された。

亜慢性毒性：ラットを用いた90日間反復投与毒性試験

慢性毒性および発ガン性：ラットを用いた反復投与毒性および

発ガン性併合試験
：マウスを用いた発ガン性試験
：イヌを用いた2年間慢性毒性試験

5.5.1 ラットを用いた90日間反復投与毒性試験

ラットにアセスルファムカリウムを1，3，10％混入した飼料を90日間投与した結果，死亡例は認められなかった。各投与群で臓器の相対重量の変動が散発的に認められたが，いずれの変動も用量との間に一定の関連性がなく，病理組織学的な異常は認められなかった。10％群では投与初期段階で体重抑制が認められたほか，軽度の下痢と盲腸肥大，盲腸の重量増加が認められた。この反応は，アセスルファムカリウムが非栄養性物質であることによるもので，糖アルコールなどの非栄養性物質をラットのようなげっ歯類動物に高濃度に投与したときに共通して起こる反応であり，ヒトでは起こらないことが確認された。本試験での無毒性量は3％（1,500mg/kg体重/日）であると判断された。

5.5.2 ラットを用いた2年間反復投与毒性および発ガン性試験

本試験では，交配時よりアセスルファムカリウムを摂取させていた親ラットから生まれたラットを用いて，アセスルファムカリウムを0，0.3，1，3％混入した飼料を2年間投与した。試験では一般状態，死亡率などに変化は認められなかった。また，剖検，病理学的検査でも特筆すべき所見は認められず，発ガン性も認められなかった。この結果，本試験における無毒性量は3％（1,500mg/kg体重/日）であると判断された。

5. アセスルファムカリウムの安全性

5.5.3 マウスを用いた80週間発ガン性試験

マウスに，アセスルファムカリウムを0，0.3，1，3%混入した飼料を80週間投与した。試験では，死亡率は対照群と差がなく，一般状態に投与に起因した変化は認められなかった。病理学的検査でも特筆すべき所見は認められず，発ガン性も認められなかった。この結果，本試験における無毒性量は3%(4,200mg/kg体重/日)であると判断された。

5.5.4 イヌを用いた2年間反復投与毒性試験

イヌに，アセスルファムカリウムを0，0.3，1，3%混入した飼料を2年間投与した。試験では，一般状態，死亡率，体重は対照群と有意差がなく，病理学的検査でも特筆すべき所見は認められなかった。この結果，本試験における無毒性量は3%(900mg/kg体重/日)であると判断された。

5.6 繁殖および催奇形性試験

繁殖試験は，雌雄の実験動物の受胎時期に被検物質を適用し，妊娠の成立，維持，分娩，授乳期，必要に応じてはさらに長期間にわたって，胎児，新生児，さらに後世代動物での毒性検索を行う試験である。

アセスルファムカリウムではラットおよびウサギを用いて繁殖並びに催奇形性試験が実施されたが，いずれの試験でも繁殖毒性，催奇形性とも認められなかった。

5.6.1 ラットを用いた繁殖および催奇形性試験

ラットに3世代にわたってアセスルファムカリウムを0, 0.3, 1, 3%混入した飼料を投与した繁殖試験では, 一般状態, 死亡率に影響は認められなかった。妊娠率, 出産率, 出産児数, 性比などの生殖関連の成績, 胎児の催奇形性の成績で対照群と有意な差は認められず, 繁殖毒性・催奇形性はないと判断された。本試験での無毒性量は3%混餌濃度（1,500mg/kg体重/日）であると判断された。

5.6.2 ウサギを用いた催奇形性試験

妊娠ウサギに100, 300, 900mg/kg体重/日を経口投与した試験で, 母動物の一般状態などに影響は認められなかった。生殖と胎児に対する影響にも対照群と有意な差は認められず, 繁殖毒性・催奇形性はないと判断された。本試験での無毒性量は900mg/kg体重/日であると判断された。

5.7 抗原性試験

抗原性試験は, アレルギー試験またはアナフィラキシー試験ともいう。不純物としてタンパク性物質が残存する可能性のある注射薬に対して行う試験である。実験動物として通常成熟モルモットを使用し, 感作の最終注射後3〜4週間に誘発注射を行う。

アセスルファムカリウムでは, ウサギ, モルモットを使用した試験で, アセスルファムカリウムに抗原性は認められなかった。

5.8 変異原性試験

変異原性試験には，遺伝子突然変異を調べる方法と染色体異常を調べる方法がある。前者には栄養要求性や薬剤抵抗性試験が，後者には染色体の数量的変化や形態的変化の試験がよく用いられる。本試験には細胞レベル（微生物，哺乳動物細胞など）から個体レベル（ショウジョウバエ，マウス，植物など）までの各系が利用されている。

アセスルファムカリウムの変異原性については，Amesテスト（サルモネラテスト），染色体異常，小核試験，優性致死試験，不定期DNA合成試験，DNAとの結合性試験が行われた。いずれの試験でも陰性で，アセスルファムカリウムに変異原性は認められなかった。

5.9 一般薬理試験

薬理試験は，被験物質が生体の機能に及ぼす影響を明らかにすることを目的とするものである。

マウス，ラット，モルモット，イヌ，ウサギを用いた一般薬理試験で，アセスルファムカリウムは，情動行動，運動量，ヘキソバルビタール睡眠，メトラゾール痙攣（けいれん），眼瞼下垂（がんけん），カタレプシーおよび体温へ影響を与えず，鎮痛作用も認められなかった。また，中枢神経系，自律神経系に対する影響，摘出臓器への影響も認められなかった。その他，代謝機能面についても，利尿，塩類排泄，血糖に変動は認められず，炭酸脱水酵素阻害作用，抗炎症

作用，血液凝固系への影響も認められなかった。いずれの試験においても特異な薬理作用は認められず，アセスルファムカリウムは薬理学的には不活性な物質であると判断された。

5.10 その他の試験

その他，糖尿病ラットでの試験，インスリンと血糖値への影響，皮膚刺激性試験，ニトロソ化反応試験，抗菌作用，抗生物質に関する感受性への影響，吸入毒性試験なども実施され，いずれも陰性であることが確認された。

6. アセスルファムカリウムの分析方法

6.1 概　　論

アセスルファムカリウムの分析方法は，過塩素酸滴定法，高速液体クロマトグラフィー（HPLC），ガスクロマトグラフィー，薄層クロマトグラフィーなどがあるが，高速液体クロマトグラフィーは迅速性，簡便性，正確性に優れている。本章では，食品中のアセスルファムカリウムを高速液体クロマトグラフィーで分析する方法を紹介する。

6.2 試料液の調製方法

アセスルファムカリウムが含まれる食品は，液状，ペースト状，粉状，固形状のものなど様々である。食品からアセスルファムカリウムを抽出し，高速液体クロマトグラフィー用の試料液を調製する方法は，概ね図6.1に示したとおりである。

すなわち，食品に適量の水を加えて希釈あるいはホモジナイズした後，定容する。この液を直接あるいは水で希釈した後，メンブランフィルター（0.45μm）で濾過し，濾液を試料液とすればよい。

なお，ビスケット，錠菓などの固形状の食品は，水を加える前

6.2 試料液の調製方法

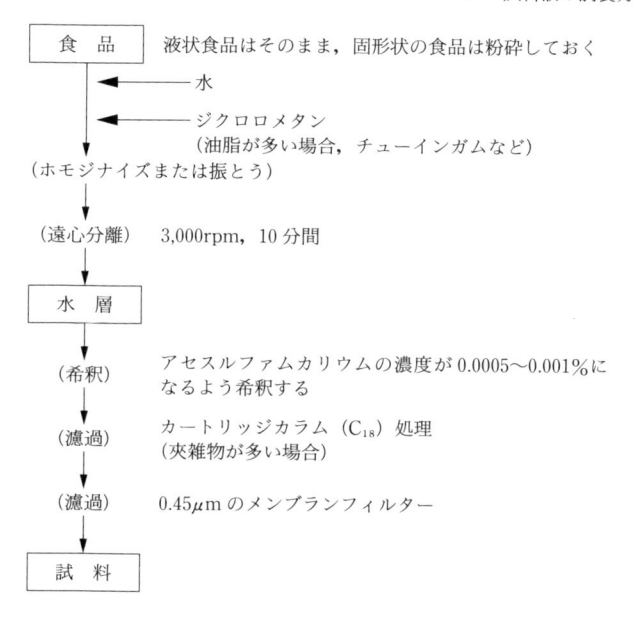

```
┌─────────┐
│ 食 品  │   液状食品はそのまま,固形状の食品は粉砕しておく
└────┬────┘
     │◄──── 水
     │◄──── ジクロロメタン
     │         (油脂が多い場合,チューインガムなど)
     ▼
(ホモジナイズまたは振とう)
     │
(遠心分離)   3,000rpm,10分間
     ▼
┌─────────┐
│ 水 層  │
└────┬────┘
     │
(希釈)     アセスルファムカリウムの濃度が0.0005〜0.001%に
           なるよう希釈する
     │
(濾過)     カートリッジカラム(C₁₈)処理
           (夾雑物が多い場合)
     │
(濾過)     0.45μmのメンブランフィルター
     ▼
┌─────────┐
│ 試 料  │
└─────────┘
```

図 6.1 試料の調製方法

に粉砕しておく。また,水に不溶な成分が多い場合は,ホモジナイズ後あるいは定容後に遠心分離(3,000rpm,10分間)し,上澄を濾過したものを試料液とすればよい。

油脂が多い食品またはチューインガムのようにガムベースが基材である食品では,水とともにジクロロメタンなどの有機溶媒を加えて振とうすると,油脂,ガムベースが有機溶媒に溶解する。遠心分離(3,000rpm,10分間)すると,水と有機溶媒が2層に分離する。有機溶媒層にガムベースや油脂の多くが溶解し,水層にアセスルファムカリウムが溶解しているので,水層を濾過し,濾

6. アセスルファムカリウムの分析方法

液を試料液とすればよい。

6.3 分析の条件

分析の条件を表6.1に示した。カラムはDevelosil ODS-HG-5（内径4.6mm×150mm）を用いている。移動相は，0.005M硫酸水素テトラブチルアンモニウム溶液とメタノールの混合液である。測定波長は227nmである。

なお，アセスルファムカリウムのピークに他の物質が重なる場合，メンブランフィルターの濾過前に，Sep-Pak®（Millipore社製）のようなカートリッジカラム（C_{18}）で処理するとよい。参考までに，ニアウォーターおよびミルクコーヒー中のアセスルファムカリウムのクロマトグラムを図6.2, 図6.3に示した。ニアウォーターは水で希釈した後，メンブランフィルターで濾過したもの，コーヒーは夾雑物が多いので，カートリッジカラムで処理をしたものを試料液としている。

表6.1 高速液体クロマトグラフィーの条件（例）

カ ラ ム	Develosil ODS-HG-5（内径4.6mm×150mm）
カラム温度	室温
移 動 相	0.005M硫酸水素テトラブチルアンモニウム溶液：メタノール＝70：30
流 速	1.0mL/min
測 定 波 長	227nm
注 入 量	$20\mu L$

6.3 分析の条件

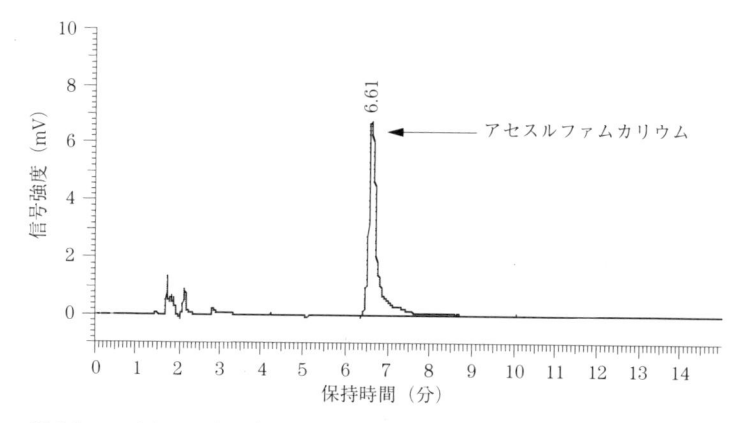

図 6.2 ニアウォーター中のアセスルファムカリウムのクロマトグラム(例)

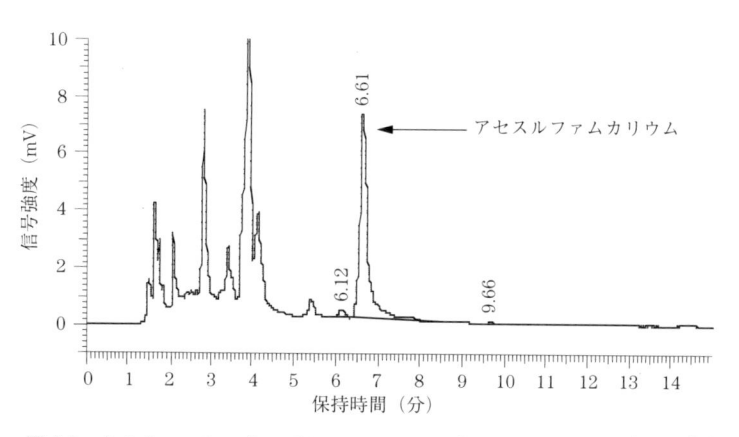

図 6.3 ミルクコーヒー中のアセスルファムカリウムのクロマトグラム(例)

― 53 ―

7. 食品用途と使用基準

アセスルファムカリウムは，甘味料としてすべての食品に使用できる。本章では，アセスルファムカリウムを食品に用いた時の効果と使用基準について紹介する。

7.1 アセスルファムカリウムの食品での効果

アセスルファムカリウムの効果について表7.1に要約した。主なものを以下に紹介する。

7.1.1 高い安定性

アセスルファムカリウムは，食品の種類，共存物質，製造条件に影響されることなく安定である。したがって，増し仕込みの必要もない。また，甘味度の低下率を基準にして賞味期限を設定する必要もない。実際の食品に添加したときのアセスルファムカリウムの残存率を表7.2に示した。

7.1.2 高い甘味度

アセスルファムカリウムの甘味度は，3％ショ糖溶液と比較した場合，ショ糖の200倍である。したがって，非常に少量の添加で食品に甘味をつけることができる。食品素材の食感などにも影響しない。

7.1.3 甘味の発現が速くキレがよい

アセスルファムカリウムは，アスパルテーム，スクラロース，ステビア，カンゾウなどの高甘味度甘味料と比べ，甘味の発現が

表7.1 アセスルファムカリウムの特性と食品への利用

特　　性	食品での効果	主な対象食品
高い安定性	・増し仕込みを低減できる ・賞味期限を延長できる ・コストを低減できる	食品全般
高い甘味度	・少量の添加で効果がある ・素材の食感に影響しない	食品全般
速い甘味の発現とキレの良さ	・甘味が後を引かない ・酸味を和らげる ・食品の風味を損なわない	食品全般
高い安全性	・どのような食品にも安心して使用できる	食品全般
ノンカロリー・非糖質	・カロリーを低減できる ・血糖値を気にする人向けの食品に利用できる	食品全般，ダイエット食品，病院食など
他の物質と反応しにくい	・共存物質と反応しないので変色しない ・共存物質に影響を与えない	食品全般，飲料，菓子など
高い浸透圧	・漬物などの漬け込み時間を短縮できる ・食品素材の中心まで甘味が浸透する	漬物，煮物など
低・非う蝕性	・虫歯を気にする人向けの食品に利用できる	菓子，飲料など
他の甘味物質との相性の良さ	・併用で好みの甘味質にできる ・併用で糖質の代替率が向上する ・併用でコストを低減できる	食品全般

7. 食品用途と使用基準

表7.2 アセスルファムカリウムの食品中での安定性

製　　品	残存率 加工後	（加熱条件）	保存後	（保存条件）
オレンジ果汁入り清涼飲料（pH 2.8）	100%	殺菌（97〜98℃，15秒）	97%	40℃，1か月
コーラ（pH 3.2）	100%	殺菌（97〜98℃，15秒）	97%	40℃，1か月
コーヒー（pH 6.2）	96%	殺菌（122℃，達温30分）	96%	60℃，2か月
クッキー	95%	焼成（175℃，12分）	94%	40℃，1か月
ゼリー	99%	溶解（100℃）	99%	40℃，1か月
オレンジシャーベット	97%	溶解（70℃，20分）	96%	−20℃，1か月
金時豆の煮豆	100%	煮熟（40分）殺菌（80℃，15分）	100%	5℃，1か月
昆布佃煮	95%	煮熟（60分）	93%	40℃，1か月
めんつゆ	100%	充填時（100℃，達温）	97%	40℃，1か月

早く，キレがよい。したがって，甘味がいつまでも口に残ることはない。また，酸味，塩味を和らげる効果がある。

7.1.4 ノンカロリー，非糖質

アセスルファムカリウムは，ノンカロリーである。したがって，砂糖などの糖質と代替すれば，カロリーが低減される。また，非糖質なので血糖値の高い人向けの食事に効果的である。

7.1 アセスルファムカリウムの食品での効果

7.1.5 非う蝕性
アセスルファムカリウムは，虫歯の原因にならない。

7.1.6 他の物質と反応しにくい
アセスルファムカリウムは，食品に共存する物質とほとんど反応しない。したがって，メイラード反応や食品にとって好ましくない匂いの原因にならない。

7.1.7 高い浸透性
アセスルファムカリウムは，浸透圧が極めて高いので（図7.

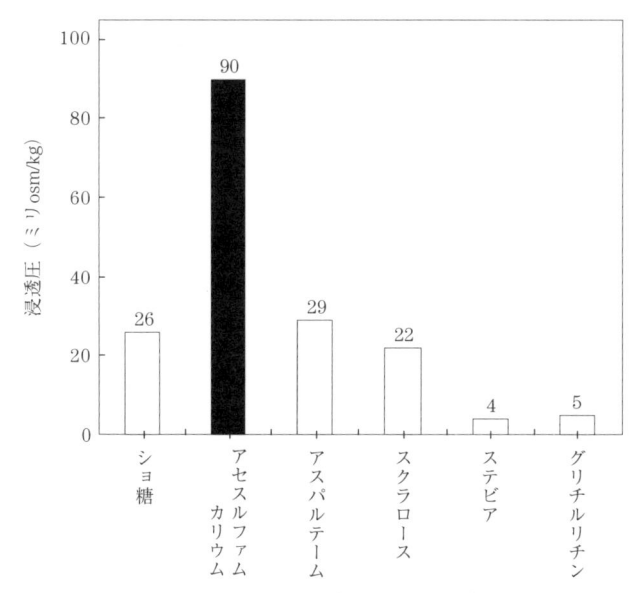

図 7.1 甘味料の浸透圧（1%水溶液）

1)，食品素材に速やかに中心部まで浸透する。漬物，煮物，糖漬けの菓子などは，甘味の浸透が重要な食品である。この特性は，食品の処理時間の短縮や食感の改善などに効果的である。

7.1.8 他の甘味料と相性がよい

アセスルファムカリウムは，他の高甘味度甘味料や低甘味度甘味料と相性がよい。一般的に砂糖の30％をアセスルファムカリウムで代替しても砂糖の甘味質は変わらない。他の甘味料と併用すると，甘味質が向上し，砂糖の代替率がさらに上がる。併用比率を変化させれば食品に適した甘味質にできる。

他の高甘味度甘味料と併用した場合，それぞれを単独で使用するより，甘味質が向上し，使用量が低減される。特に，アスパルテームと併用した場合，相乗効果によって使用量が大幅に低減される。図7.2にアスパルテームとの併用例を示した。アセスルフ

| 10％ショ糖 | = | 5％ ショ糖
0.0075％ アセスルファムカリウム
0.0075％ アスパルテーム |

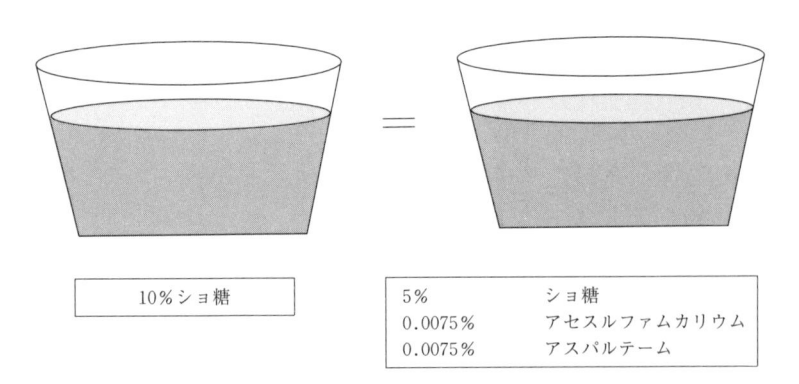

図7.2 アセスルファムカリウムとアスパルテームの併用例

7.1 アセスルファムカリウムの食品での効果

ァムカリウム0.0075％，アスパルテーム0.0075％および砂糖5％を含む水溶液は，砂糖10％水溶液と比べて，甘味度や甘味質はほとんど同じで，カロリーが50％低く，そして経済的である。

糖類や糖アルコールなどの低甘味度甘味料と併用すれば，それらの甘味質，ボディー感，テリ，ツヤ，コクなどを活かした使い方ができる。表7.3にアセスルファムカリウムと低甘味度甘味料を併用したときの甘味質を示した。エリスリトールやトレハロースと併用するとキレが良くなり，キシリトールと併用するとコクのある甘味質になる。

表7.3 アセスルファムカリウムと低甘味度甘味料の併用
(5％ショ糖等価濃度水溶液)

低甘味度甘味料	アセスルファムカリウム：低甘味度甘味料＝1.5：98.5								
	ショ糖	果糖ぶどう糖液糖	ソルビトール	マルチトール	エリスリトール	キシリトール	還元パラチノース	還元乳糖	トレハロース
アセスルファムカリウムの濃度(％)	0.022	0.022	0.027	0.026	0.025	0.022	0.028	0.032	0.030
低甘味度甘味料の濃度(％)	1.461	1.461	1.740	1.693	1.649	1.461	1.868	2.122	1.965
カロリー(kcal/100mL 水溶液)	5.84	5.84	5.22	3.39	0.0	4.38	3.74	4.24	7.86
ショ糖類似性	○	○	◎	○	◎	◎	○	○	○
苦味・雑味の抑制				○	◎	◎			
すっきり感					◎				○
コク						○		○	

7. 食品用途と使用基準

表 7.4 アセスルファムカリウムの各食品への標準使用量

食 品		標準使用量
清涼飲料水	果実飲料	0.03〜0.05
	炭酸飲料	0.03〜0.05
菓 子 類	焼菓子	0.08〜0.15
	和菓子	0.1 〜0.2
	菓子パン	0.05〜0.1
	キャンディー	0.1 〜0.2
	チューインガム	0.25〜0.5
乳 製 品	乳飲料	0.03〜0.05
	乳酸菌飲料	0.03〜0.05
	アイスクリーム類	0.05〜0.1
ジャム類	ジャム	0.05〜0.1
	マーマレード	0.05〜0.1
その他	たれ	0.08〜0.1
	漬物	0.05〜0.1

7.2 標 準 使 用 量

主な食品での使用量を表 7.4 に示した。用途は表に示した限りではなく，砂糖代替食品，粉末飲料，口中清涼菓子などあらゆる食品に適用できる。非常に少ない使用量で砂糖や他の甘味料を代替できる。

7.3 使 用 基 準

サッカリン，サッカリンナトリウムおよびスクラロースは使用

7.3 使用基準

表 7.5 アセスルファムカリウムの使用基準

対象食品	使用基準
砂糖代替食品（コーヒー，紅茶などに直接加え，砂糖に代替する食品として用いられるもの）	15g/1kg 以下
チューインガム	5.0g/1kg 以下
生菓子，菓子（チューインガムを除く）およびあん類	2.5g/1kg 以下
ジャム類，漬物，氷菓，アイスクリーム類，たれおよびフラワーペースト	1.0g/1kg 以下
果実酒，雑酒，清涼飲料水，乳飲料，乳酸菌飲料および発酵乳（ただし，希釈して飲用に供する飲料水にあっては，希釈後の飲料水）	0.50g/1kg 以下
その他の食品	0.35g/1kg 以下
特別用途食品	許可または承認を受けた量

基準が定められているが，アセスルファムカリウムも例外ではない。表 7.5 に示したように，対象食品別に使用基準が定められている。砂糖代替食品，チューインガム，菓子類，あん類，ジャム類，漬物，氷菓，アイスクリーム類，たれおよびフラワーペースト，果実酒，雑酒，清涼飲料水などの飲料は，具体的に使用基準が定められている。それ以外はその他の食品として分類される。なお，粉末飲料は，現在，飲料ではなくて，その他の食品に分類されている。使用に際しては留意する必要がある。

8. 代表的な食品の処方例

本章では,アセスルファムカリウムを使用した飲料,菓子,農水産加工品などの処方例を紹介する。

8.1 飲　　　料

8.1.1 概　　　論

飲料類にアセスルファムカリウムを使用すると,以下のような効果がある。

① 甘味度が低下しない

　アセスルファムカリウムは,幅広いpHで安定なので,酸性から中性の飲料で使用できる。飲料の加工中でも分解を気にしなくてもよいし,店頭や自動販売機などで長期間保存された場合でも甘味度は低下しにくい。

② すっきりとした甘味質に仕上げることができる

　アセスルファムカリウムの甘味質を活かして,甘味が早く感じられ,甘味が後に引かないすっきりとした飲料に仕上げることができる。また,他の甘味料と相性がよいので,高甘味度甘味料や糖類と併用すれば,その飲料に適した甘味質に仕上げることができる。

③ 低カロリー,ノンカロリー飲料の製品化

アセスルファムカリウムは，ノンカロリーであるため，低カロリー飲料，ノンカロリー飲料に使用できる。アセスルファムカリウム単独または他の甘味料との併用で，飲料のカロリーの大部分を占めている糖類を代替できる。

④　変色の原因にならない

アセスルファムカリウムは，他の物質と反応しにくいので，飲料の変色の原因にならない。したがって，共存する他の原料との相互作用に気を使う必要はない。

⑤　風味を引き立たせる

アセスルファムカリウムは，飲料の風味に悪い影響を与えず，また風味を引き立たせる効果がある。したがって，コーヒー，紅茶，ココアなどは香り豊かな製品に仕上がる。また，アセスルファムカリウムは，飲料に使用されている香料の効果を引き立たせる。一方，他の高甘味度甘味料や糖類の中には，風味のマスキング効果を示すものがある。これらと併用すれば，風味や香料の効果を調節できる。

8.1.2 缶コーヒー

缶コーヒーの処方例を表8.1に示した。アセスルファムカリウム，スクラロース，エリスリトールおよびキシリトールを使用した低カロリータイプの缶コーヒーである。アセスルファムカリウムとスクラロースの併用比は4：1で，甘味の立ち上がりが早く，キレもよい。エリスリトール，キシリトールはボディー感を付与している。キシリトールは特にコク付けにも寄与している。なお，ホットでも甘味度が低下することはない。

8. 代表的な食品の処方例

表8.1 缶コーヒーの処方例

原材料名	配合量
コーヒー抽出液	38.3g
牛乳	5.0g
炭酸水素ナトリウム	0.1g
ショ糖脂肪酸エステル	0.03g
水	残量
「エリスリトール」	0.3g
キシリトール	0.15g
「アセスルファムカリウム」	0.021g
スクラロース	0.005g
合計	100.0mL

「　」は武田薬品工業㈱の製品

8.1.3 ニアウォーター

ニアウォーターの処方例を表8.2に示した。アセスルファムカリウム，スクラロースおよびエリスリトールを使用したノンカロリータイプのニアウォーターである。アセスルファムカリウムとスクラロースの併用比は3：1で，甘味のキレもよい。ニアウォーターでは高甘味度甘味料の味質が顕著に現れる。アセスルファムカリウムの比率を高めると，甘味の立ち上がりが早くなり，酸味と果汁の風味がはっきりしてくる。スクラロースの比率を高めると，甘味の後引き感が強くなり，風味がマイルドになる。アセスルファムカリウムとスクラロース（またはアスパルテーム，ステビア）との併用比を適宜選択することが望ましい。

また，ニアウォーターなどの透明な飲料，または淡系の飲料では，高甘味度甘味料が原因で変色する場合ある。アスパルテームとビタミンCの反応で変色した例を図8.1に示した。一方，アセ

8.1 飲　　料

表8.2 ニアウォーターの処方例

原　材　料　名	配　合　量
1/5濃縮パイナップル透明果汁	0.8g
「クエン酸（無水）」	0.1g
香料	0.08g
「クエン酸ナトリウム」	0.04g
水	残量
「エリスリトール」	2.0g
「アセスルファムカリウム」	0.009g
スクラロース	0.003g
合　　　　計	100.0g

「　」は武田薬品工業㈱の製品

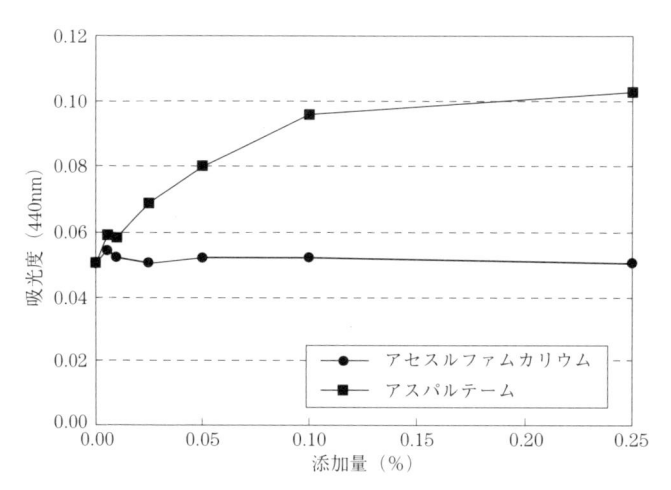

図8.1 高甘味度甘味料の添加とビタミンC水溶液*の変色
　　* ビタミンC 0.2％含有, pH 3.5, 60℃, 7日間

8. 代表的な食品の処方例

スルファムカリウムとビタミンCが共存しても変色しない。アセスルファムカリウムは共存物質の影響をほとんど受けないからである。

8.1.4 乳酸菌飲料

乳酸菌飲料の処方例を表8.3に示した。アセスルファムカリウムとアスパルテームを使用して，砂糖，果糖ぶどう糖液糖の使用量を大幅に低減している。乳酸菌飲料や乳性飲料では，酸味と甘味のバランスが嗜好性に大きく影響する。この処方では，嗜好性を高めるためにアセスルファムカリウムとアスパルテームの併用比を10：7としている。

8.1.5 コーラ

コーラの処方例を表8.4に示した。アセスルファムカリウム，スクラロースおよびエリスリトールを使用したノンカロリータイプのコーラである。アセスルファムカリウムとスクラロースの併用比は2.4：1で，甘味のキレのよいものができる。エリスリトールは，ボディー感不足する甘味を付与している。

コーラのような酸性飲料にアスパルテームのみを使用すると，アスパルテームが分解して甘味度が大きく低下する場合がある。アセスルファムカリウムとアスパルテームを併用すれば，アセスルファムカリウムの高い安定性により甘味度の低下が緩和され，賞味期限を延ばすことができる（図3.5参照）。

8.1 飲　　料

表 8.3　乳酸菌飲料の処方例

原 材 料 名	配 合 量
発酵乳	9.0g
「ペクチン HR-45」	0.3g
香料（ヨーグルトフレーバー）	0.1g
グルコン酸カルシウム	0.09g
「DL-リンゴ酸〈フソウ〉」	0.07g
「クエン酸（無水）」	0.05g
香料（ミルクフレーバー）	0.04g
水	残量
砂糖	3.2g
果糖ぶどう糖液糖	3.0g
「アセスルファムカリウム」	0.010g
「アスパルテーム」	0.007g
合　　　計	100.0g

「　」は武田薬品工業㈱の製品

表 8.4　コーラの処方例

原 材 料 名	配 合 量
カラメル	0.3g
香料	0.1g
「クエン酸ナトリウム」	0.08g
リン酸（85%）	0.08g
カフェイン（抽出物）	0.01g
水	残量
炭酸水（ガス圧：3.7kg/cm^2）	75.0mL
「エリスリトール」	1.5g
「アセスルファムカリウム」	0.026g
スクラロース	0.011g
合　　　計	100.0g

「　」は武田薬品工業㈱の製品

8. 代表的な食品の処方例

表 8.5 ストレートティー

原 材 料 名	配 合 量
紅茶エキス	3.5g
香料	0.1g
ビタミンC	0.01g
水	残量
還元麦芽糖水飴	0.6g
「アセスルファムカリウム」	0.010g
酵素処理ステビア	0.005g
合　　　計	100.0g

「　」は武田薬品工業㈱の製品

8.1.6　ストレートティー

ストレートティーの処方例を表8.5に示した。アセスルファムカリウム，酵素処理ステビアおよび還元麦芽糖水飴を使用したノンカロリータイプのストレートティーである。アセスルファムカリウムと酵素処理ステビアの併用比は2：1で，甘味のキレもよい。

8.2　菓　　　子

8.2.1　概　　　論

菓子類にアセスルファムカリウムを使用すると，以下のような効果がある。

①　甘味度が低下しない

　アセスルファムカリウムは，キャンディーや焼菓子のような

煮詰め，焙焼などの加熱工程がある菓子類でも安定である。
② 変色の原因にならない

アセスルファムカリウムは他の物質と反応しにくいので，菓子類の変色の原因にならない。キャンディーでは，糖アルコールなどを併用して褐変しないものができる。また，焼菓子では，アセスルファムカリウムで糖類の使用量を加減すれば，焼き色を調整できる。
③ シュガーレス菓子の製品化

アセスルファムカリウムは，糖類ではないため，単独あるいは糖アルコールと併用してシュガーレス菓子に使用できる。

8.2.2 ミルクチョコレート

ミルクチョコレートの処方を表 8.6 に示した。アセスルファム

表 8.6 ミルクチョコレート

原 材 料 名	配 合 量
ココアバター	22.2g
全粉乳	19.5g
カカオマス	14.6g
レシチン	0.4g
バニリン	0.05g
「ラクティ M-R」*	25.8g
還元難消化性デキストリン	17.21g
「アセスルファムカリウム」	0.12g
「アスパルテーム」	0.12g
合　　　計	100.0g

「　」は武田薬品工業㈱の製品
* 還元乳糖

カリウム，アスパルテーム，還元乳糖および還元難消化性デキストリンを使用した砂糖を使わないタイプのミルクチョコレートである。アセスルファムカリウムは微粉末タイプを使用した。アセスルファムカリウムはチョコレートと非常に相性がよい。還元乳糖もミルクチョコレートと相性がよく，カロリーを低減できるので使用した。しかし，還元乳糖は，多量に摂取すると緩下作用（便をやわらかくする作用）を引き起こす可能性がある。それを緩和する目的で還元難消化性デキストリンを併用している。

8.2.3 口中清涼菓子

口中清涼菓子の処方例を表 8.7 に示した。アセスルファムカリウム，エリスリトールおよび還元パラチノースを使用した砂糖を使わないチュアブルタイプの口中清涼菓子である。口中清涼菓子では，糖アルコールを使用する場合が多い。高価な糖アルコール

表 8.7　口中清涼菓子（ミント風味）

原　材　料　名	配　合　量
ショ糖脂肪酸エステル	2.5g
香料（ミントフレーバー）	2.0g
着色料	0.3g
「オルノー®G1」*	0.1g
「エリスリトール」	51.6g
還元パラチノース	43.2g
「アセスルファムカリウム」	0.25g
合　　　計	100.0g

「　」は武田薬品工業㈱の製品
＊ 増粘安定剤

を減量すれば，コストは下がるが，甘味度も下がる。アセスルファムカリウムは，不足する甘味度を付与している。また，アセスルファムカリウムとエリスリトールは，ミント風味と非常に相性がよく，清涼感を増強する。

8.2.4 キャンディー

キャンディーの処方例を表8.8に示した。アセスルファムカリウム，酵素処理ステビア，還元麦芽糖水飴および還元難消化性デキストリンを使用したレモン風味のキャンディーである。このキャンディーは変色しないので無色透明である。したがって，着色料を使用すれば，その色が反映しやすい。アセスルファムカリウムと酵素処理ステビアを1:1で併用し，適度な酸味に仕上げている。

表8.8 レモンキャンディー

原 材 料 名	配 合 量
「クエン酸（無水）」	2.0g
香料（レモンフレーバー）	0.3g
水	残量
還元麦芽糖水飴	102.3g
還元難消化性デキストリン	17.1g
「アセスルファムカリウム」	0.066g
酵素処理ステビア	0.066g
合　　　計	122.0g
最 終 重 量	100.0g

「　」は武田薬品工業㈱の製品

8. 代表的な食品の処方例

8.2.5 チューインガム

チューインガムの処方例を表 8.9 に示した。アセスルファムカリウム，酵素処理ステビア，粉末状マルチトール，還元麦芽糖水飴および D-ソルビトール（液）を使用した砂糖を使わないチューインガムである。ガムの食感を損なわないよう，微粉末タイプのアセスルファムカリウムを使用している。アセスルファムカリウムにより甘味の立ち上がりが速いが，酵素処理ステビアにより甘味が持続する。香料の立ちもよい。ビタミン C を使用しているが変色しにくい。

8.2.6 コーヒーゼリー

コーヒーゼリーの処方例を表 8.10 に示した。アセスルファムカリウム，酵素処理ステビア，難消化性多糖類，エリスリトールおよび還元麦芽糖水飴を使用した低カロリータイプのコーヒーゼ

表 8.9 チューインガム

原 材 料 名	配 合 量
ガムベース	20.0g
ビタミン C	5.0g
香料	2.0g
粉末状マルチトール	54.9g
還元麦芽糖水飴	16.0g
D-ソルビトール（液）	2.0g
「アセスルファムカリウム」	0.050g
酵素処理ステビア	0.012g
合　　計	100.0g

「　」は武田薬品工業㈱の製品

表 8.10 コーヒーゼリー

原 材 料 名	配 合 量
粉末ゼラチン	2.0g
コーヒー粉末	1.0g
ブランデー	1.0g
水	残量
「エリスリトール」	7.0g
「ライテス®Ⅲ」*	3.0g
還元麦芽糖水飴	3.0g
「アセスルファムカリウム」	0.015g
酵素処理ステビア	0.006g
合　　　計	100.0g

「　」は武田薬品工業㈱の製品
＊ ポリデキストロース

リーである。アセスルファムカリウムがコーヒー風味を引き立たせ，難消化性多糖類，エリスリトールがボディー感を付与している。

8.3　農・水産加工品

8.3.1　概　　　論

農・水産加工品にアセスルファムカリウムを使用すると，以下のような効果がある。

① 甘味度が低下しない

アセスルファムカリウムは，加熱しても安定なので，煮熟を必要とする佃煮，煮物などでも甘味度が変わらない。

② 浸透性が高い

8. 代表的な食品の処方例

アセスルファムカリウムは,浸透性が高いため,漬物,煮物の原料へ早く,中心部まで浸透する。したがって,漬け込みや煮込みの時間を短縮できる。

③ 原料の食感を損なわない

アセスルファムカリウムは,甘味度が高いので,漬物の調味液や煮物の調味液に使用される糖類の一部と代替してブリックス(糖度)を低減できる。調味液のブリックスが下がれば,素材本来の食感が損なわれず,漬物は歯切れがよくなり,煮物は柔らかくなる。さらに漬物では,中漬終了後の廃液処理の手間やコストが軽減される。

8.3.2 ラッキョウ甘酢漬け

ラッキョウ甘酢漬けの処方例を表8.11に示した。アセスルファムカリウムは,その高い浸透性から,ラッキョウへ早く浸透し,漬け込み期間を短縮することができる。

アセスルファムカリウムと砂糖の浸透性の比較を図8.2,図8.3に示した。アセスルファムカリウムは3日で調味液とラッキョウが平衡に達するのに対し,砂糖は5日以上かかる。アセスルファムカリウムを使用したラッキョウ甘酢漬けは,さっぱりとした味質で,歯切れのよいコリコリ感がある。

8.3.3 はちみつ漬け梅干し

はちみつ漬け梅干しの処方例を表8.12に示した。アセスルファムカリウムを使用することで,ラッキョウ漬けと同様に漬け込み時間が短縮される。はちみつの風味がたち,さっぱりとした味

8.3 農・水産加工品

表8.11 ラッキョウ甘酢漬け調味液
(脱塩ラッキョウ100重量部に対し調味液100重量部で漬け込む)

原 材 料 名	配 合 量
高酸度酢(酸度15%)	5.71g
食塩	2.80g
「アラニン」	0.50g
「クエン酸」	0.37g
「DL-リンゴ酸〈フソウ〉」	0.37g
「新ウマミックス®」*	0.14g
「グルタミン酸ソーダ」	0.14g
水	残量
砂糖	4.15g
果糖ぶどう糖液糖	37.6g
「アセスルファムカリウム」	0.20g
合　　　計	100.0g

「　」は武田薬品工業㈱の製品
＊ 総合調味料

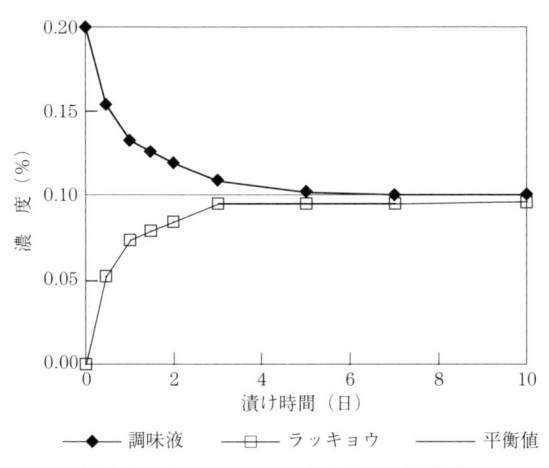

図8.2 アセスルファムカリウムの浸透性

8. 代表的な食品の処方例

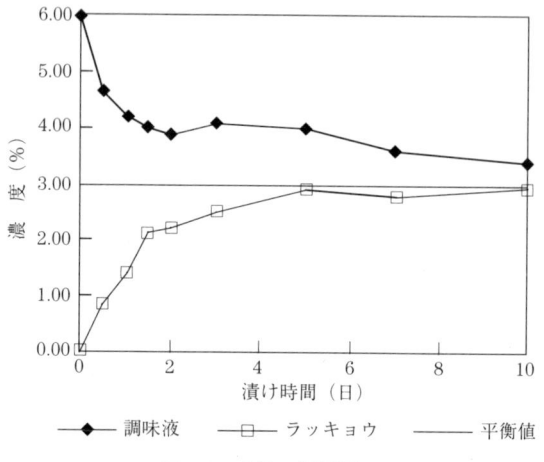

図 8.3 砂糖の浸透性

質に仕上がる。

調味梅にはステビアがよく使用されるが，図 8.4 と図 8.5 に示すように，アセスルファムカリウムはステビアよりも浸透性がかなりよい。

8.3.4 ショウガ甘酢漬け

ショウガ甘酢漬けの処方例を表 8.13 に示した。砂糖，還元水飴，アセスルファムカリウムを使用したショウガ甘酢漬けである。甘味の浸透が速いので漬け込み時間を短縮できる。また，ショウガは，砂糖，還元水飴だけで漬けた場合に比べ，歯切れの良い食感で，甘味のキレがよい

表 8.12 はちみつ漬け梅干し調味液
(脱塩梅 720g に対して調味液 1,600mL で漬け込む)

原 材 料 名	配 合 量
食塩	10.0g
専売アルコール	5.0mL
醸造酢	3.0mL
「グルタミン酸ソーダ」	0.5g
「アラニン」	0.5g
「新ウマミックス®」*	0.3g
VB_1ラウリル硫酸塩 10%製剤	0.2mL
香料(ハチミツ)	0.1g
「リボタイド®」	0.05g
水	残量
はちみつ	15.0g
還元水飴	10.0mL
「アセスルファムカリウム」	0.05g
合 計	100.0 mL

「　」は武田薬品工業㈱の製品
＊ 総合調味料

8.3.5 金時豆の煮豆

　金時豆の煮豆の処方例を表8.14に示した。アセスルファムカリウム,酵素処理ステビア,粉末状マルチトールおよび還元でん粉加水分解物を使用して砂糖を大幅に低減した金時豆の煮豆である。煮熟中に甘味度が低下することはない。アセスルファムカリウムと酵素処理ステビアで砂糖の使用量を低減している。一方で,砂糖の使用量を低減することで失われたテリ,ツヤを粉末状マルチトールおよび還元でん粉加水分解物で付与している。

8. 代表的な食品の処方例

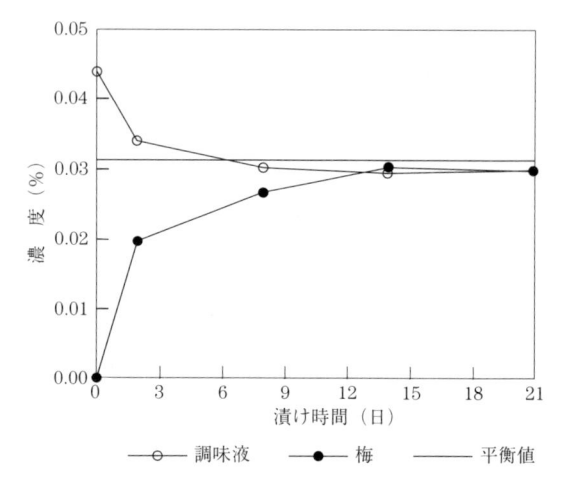

図 8.4 アセスルファムカリウムの浸透性

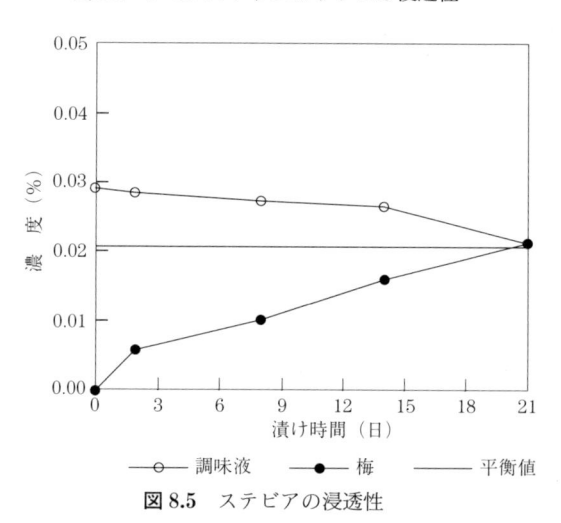

図 8.5 ステビアの浸透性

8.3 農・水産加工品

表 8.13 ショウガ甘酢漬け調味液

(塩抜きショウガ 100 重量部に対し調味液 100 重量部で漬け込む)

原　材　料　名	配　合　量
醸造酢（穀物酢 4.2%）	7.7g
食塩	1.1g
「グルタミン酸ソーダ」	0.3g
「クエン酸（結晶）」	0.2g
「DL-リンゴ酸〈フソウ〉」	0.1g
酢酸	0.1g
「ソルビン酸カリウム〈タケダ〉」	0.1g
「L-酒石酸」	0.07g
「SSA®」*	0.03g
水	残量
砂糖	6.9g
還元水飴	7.1g
「アセスルファムカリウム」	0.180g
合　　　計	100.0g

「　」は武田薬品工業㈱の製品
＊ コハク酸二ナトリウム

表 8.14 金時豆の煮豆

原　材　料　名	配　合　量
金時豆（乾燥豆）	35.0g
食塩	0.2g
「ソルビン酸カリウム〈タケダ〉」	0.1g
水	残量
砂糖	4.3g
粉末状マルチトール	12.0g
還元でん粉加水分解物	12.0g
「アセスルファムカリウム」	0.034g
酵素処理ステビア	0.026g
合　　　計	100.0g

「　」は武田薬品工業㈱の製品

8.3.6 煮豚調味液

煮豚調味液の処方例を表8.15に示した。アセスルファムカリウムで砂糖の使用量を大幅に低減している。図8.6に示したように，アセスルファムカリウムは肉の中心部まで甘味がよく浸透する。また，砂糖だけを使用したものと比べて，肉のテクスチャーがソフトで，嗜好性が高い。

8.4 そ の 他

8.4.1 概 論

アセスルファムカリウムはコーヒー，ココアと相性がよい。卓上甘味料に用いれば，甘味が早く感じられ，キレがよく，飲料の風味が豊かに感じられる。また，溶解性がよく，ままこになったり泡立つことはない。

粉末飲料に用いた場合，変色やケーキングなどの品質の劣化を軽減できる。

8.4.2 粉末飲料

粉末飲料の処方例を表8.16に示した。アセスルファムカリウム，スクラロース，エリスリトールおよび難消化性デキストリンを使用したノンカロリータイプの粉末飲料である。アセスルファムカリウムは，エリスリトールと併用することでグレープ風味と清涼感を引き立てている。

8.4 その他

表 8.15　煮豚調味液

(豚もも肉 100 重量部を調味液 40 重量部に 16 時間浸漬後，30 分間煮込む)

原　材　料　名	配　合　量
濃口醬油	30.0g
「味しるべ®M」*	15.0g
食塩	5.0g
「グルタミン酸ソーダ」	3.0g
カラメル	0.5g
野菜色素	0.5g
水	残量
砂糖	11.0g
「アセスルファムカリウム」	0.12g
合　　計	100.0g

「　」は武田薬品工業㈱の製品
* 発酵調味液

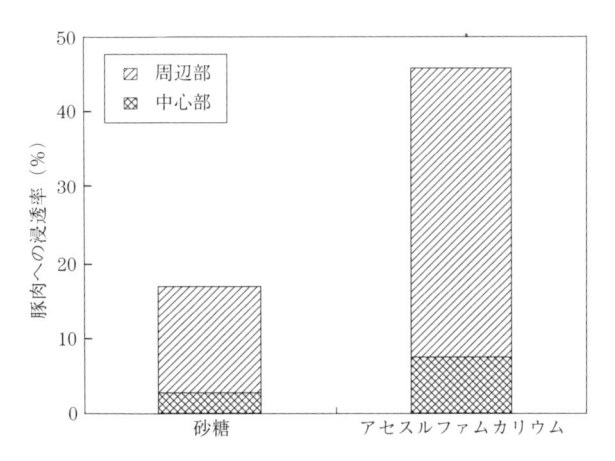

図 8.6　煮豚に対する浸透性

8. 代表的な食品の処方例

表 8.16 粉末飲料
(本混合物 16g に水を加えて 100mL とする)

原 材 料 名	配 合 量
「クエン酸(無水)」	1.6g
香料(グレープフレーバー)	0.8g
色素(エルダーベリー色素)	0.8g
「クエン酸ナトリウム」	0.2g
「ライテス®III」*	23.7g
「エリスリトール」	72.8g
「アセスルファムカリウム」	0.0350g
スクラロース	0.0433g
合　　計	100.0g

「　」は武田薬品工業㈱の製品
＊ ポリデキストロース

8.4.3 卓上甘味料

卓上甘味料の処方例を表 8.17 に示した。アセスルファムカリウム,アスパルテームおよびエリスリトールを使用したノンカロリータイプの卓上甘味料である。本混合物 1.6g をコーヒーまたは紅茶 1 杯(150〜160mL)に加えると砂糖約 6g 分の甘さに相当する。アセスルファムカリウムとアスパルテームを併用することでキレとコクのある甘味質になる。砂糖に近い甘味質なので,コーヒー,紅茶だけでなく,あらゆる食品に使用してもよい。エリスリトールを砂糖に変えれば,カロリー低減タイプの卓上甘味料になる。

以上,代表的な食品の処方例を紹介した。アセスルファムカリウムは,その優れた甘味質,特性から,単独で使用してもメリットの多い甘味料である。しかし,図 8.7 に示したように,他の高

8.4 その他

表 8.17 卓上甘味料
(コーヒーまたは紅茶 1 杯当たり本混合物 1.6g を加える)

原 材 料 名	配 合 量
「エリスリトール」	98.6g
「アセスルファムカリウム」	0.7g
「アスパルテーム」	0.7g
合　　計	100.0g

「　」は武田薬品工業㈱の製品

甘味質のコントロール
糖質の大幅な代替
低う蝕性

ボディー感, テリ, ツヤの付与
甘味度の補足
低う蝕性

高甘味度甘味料

糖アルコール

アセスルファムカリウム

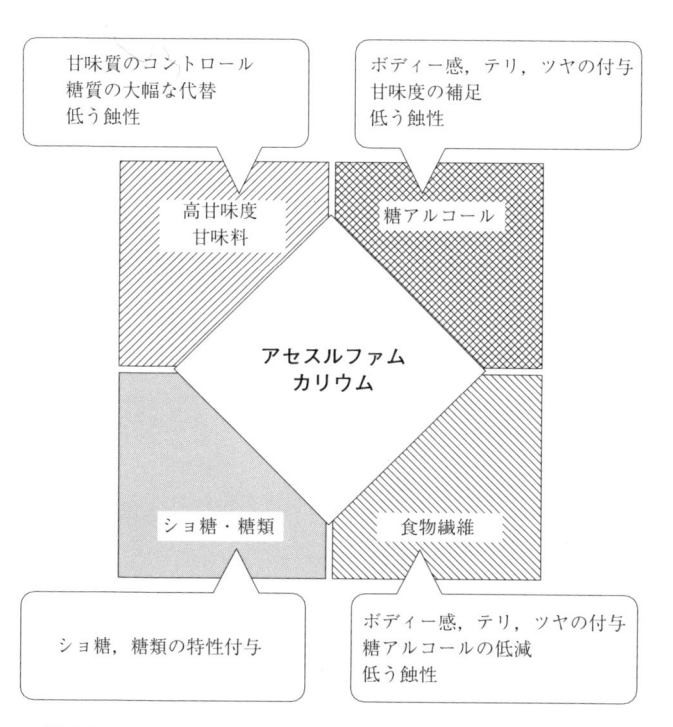

ショ糖・糖類

食物繊維

ショ糖, 糖類の特性付与

ボディー感, テリ, ツヤの付与
糖アルコールの低減
低う蝕性

図 8.7 アセスルファムカリウムを中心とした甘味料の組合せ

8. 代表的な食品の処方例

甘味度甘味料，糖アルコール，糖類，食物繊維などと組み合わせることで，さまざまな食品でより効果的に使用できることを理解して頂けたと思う。

なお，補足として，表8.18～8.37にその他の食品処方を記載したので参照頂きたい。

8.4 その他

表8.18 オレンジ果汁入り清涼飲料

原　材　料　名	配　合　量
1/6濃縮温州ミカン果汁	1.8g
オレンジパルプ	1.7g
「クエン酸（無水）」	0.2g
香料	0.2g
ビタミンC	0.06g
水	残量
砂糖	2.7g
「アセスルファムカリウム」	0.020g
「アスパルテーム」	0.016g
合　　計	100.0 mL

「　」は武田薬品工業㈱の製品

表8.19 ラクトアイス

原　材　料　名	配　合　量
生クリーム	4.1g
精製ヤシ油	2.5g
無塩バター	2.3g
「オルノー®G1」[*1]	0.4g
「エマルジー®MI-5」[*2]	0.3g
デュナリエラカロテン	0.1g
バニラエッセンス	0.1g
食塩	0.1g
香料（ミルクフレーバー）	0.05g
水	残量
還元でん粉加水分解物	26.4g
粉末状マルチトール	5.0g
「アセスルファムカリウム」	0.01g
合　　計	100.0g

「　」は武田薬品工業㈱の製品
＊1　増粘安定剤，＊2　乳化剤，＊3　着色料

8. 代表的な食品の処方例

表8.20 オレンジシャーベット

原 材 料 名	配 合 量
ミカン果汁	30.0g
牛乳	25.0g
粉末ゼラチン	0.5g
「クエン酸（無水）」	0.3g
水	残量
上白糖	3.0g
グルコース	2.0g
還元水飴	5.0g
「エリスリトール」	3.8g
「アセスルファムカリウム」	0.025g
「アスパルテーム」	0.020g
合　　　計	100.0g

「　」は武田薬品工業㈱の製品

表8.21 クッキー

原 材 料 名	配 合 量
小麦粉（薄力粉）	62.5g
バター	20.6g
全卵	12.6g
牛乳	4.4g
ベーキングパウダー	0.6g
粉末状マルチトール	20.6g
「アセスルファムカリウム」	0.015g
酵素処理ステビア	0.015g
合　　　計	100.0g

「　」は武田薬品工業㈱の製品

8.4 その他

表 8.22 ポテトチップス(チーズ風味)まぶし粉
(ポテトチップス生地 100 重量部に対し,まぶし粉 8 重量部をまぶす)

原 材 料 名	配 合 量
チーズパウダー	29.0g
「ネオパウダー MA」[*1]	20.0g
食塩 (粉砕)	16.0g
オニオンパウダー	10.0g
イーストペプトン	5.0g
「リボタイド®」	1.0g
「リン酸三カルシウム」	1.0g
チーズフレーバー	1.0g
「KC フロック®」[*2]	残量
粉末状マルチトール	3.6g
「アセスルファムカリウム」	0.05g
酵素処理ステビア	0.03g
合　　計	100.0g

「　」は武田薬品工業㈱の製品
　＊1　粉末マーガリン, ＊2　セルロース

表 8.23 ポテトチップス(バーベキュー風味)まぶし粉
(ポテトチップス生地 100 重量部に対し,まぶし粉 8 重量部をまぶす)

原 材 料 名	配 合 量
トマトパウダー	30.0g
食塩 (粉砕)	17.0g
ガーリックパウダー	5.0 g
イーストペプトン	5.0 g
オニオンパウダー	3.0 g
パプリカ色素	2.5 g
「クエン酸 (無水)」	2.5 g
「リボタイド®」	1.0 g
「リン酸三カルシウム」	1.0 g
香料	0.05 g
「KC フロック®」[*]	残量
粉末状マルチトール	16.0g
「アセスルファムカリウム」	0.05g
酵素処理ステビア	0.03g
合　　計	100.0g

「　」は武田薬品工業㈱の製品
　＊　セルロース

8. 代表的な食品の処方例

表 8.24 米菓(サラダがけ)まぶし粉

(米菓生地100重量部に対し,8重量部のサラダ油を噴霧した後,サラダがけ生地100重量部に対し,まぶし粉3〜5重量部をまぶす)

原 材 料 名	配 合 量
食塩(粉砕)	30.0g
「グルタミン酸ソーダ」	10.0g
粉末醬油	10.0g
「グリシン」	5.0g
「アラニン」	5.0g
「リボタイド®」	0.4g
「KCフロック®」*	残量
粉末状マルチトール	6.4g
「アセスルファムカリウム」	0.05g
酵素処理ステビア	0.05g
合　　計	100.0g

「　」は武田薬品工業㈱の製品
* セルロース

表 8.25 口中清涼菓子(ヨーグルト風味)

原 材 料 名	配 合 量
ショ糖脂肪酸エステル	2.5g
ビタミンC (100M品)	1.9g
香料(ヨーグルトフレーバー)	0.3g
粉末状マルチトール	55.1g
還元パラチノース	40.0g
「アセスルファムカリウム」	0.25g
合　　計	100.0g

「　」は武田薬品工業㈱の製品

8.4 その他

表 8.26　ヨーグルト

原　材　料　名	配　合　量
発酵乳	96.5g
「エリスリトール」	3.5g
「アセスルファムカリウム」	0.015g
「アスパルテーム」	0.010g
合　　　計	100.0g

「　」は武田薬品工業㈱の製品

表 8.27　カスタードプリン

原　材　料　名	配　合　量
牛乳	57.0g
全卵	30.0g
バニラエッセンス	0.05g
還元麦芽糖水飴	13.1g
「アセスルファムカリウム」	0.015g
酵素処理ステビア	0.015g
合　　　計	100.0g

「　」は武田薬品工業㈱の製品

8. 代表的な食品の処方例

表 8.28 水ようかん

原 材 料 名	配 合 量
つぶしあん（50％水分）	18.3g
寒天	1.0g
食塩	0.3g
水	残量
砂糖	10.0g
粉末状マルチトール	8.0g
還元でん粉加水分解物	5.0g
「アセスルファムカリウム」	0.07g
酵素処理ステビア	0.04g
合　　　計	100.0g

「　」は武田薬品工業㈱の製品

表 8.29 焼き肉のたれ

原 材 料 名	配 合 量
リンゴピューレ	25.0g
濃口醬油	25.0g
1/5濃縮リンゴ果汁	11.0g
「味しるべ® M」[*1]	7.0g
「テイフル® HW-10」[*2]	3.0g
ガーリックペースト	0.5g
ごま油	0.5g
白ゴマ（炒りゴマ）	0.3g
「オルノー® TB-1」[*3]	0.3g
粉末コショウ	0.1g
一味唐辛子	0.1g
水	残量
「アセスルファムカリウム」	0.050g
「アスパルテーム」	0.042g
合　　　計	100.0g

「　」は武田薬品工業㈱の製品
＊1 発酵調味液，＊2 たん白加水分解物，＊3 増粘安定剤

8.4 そ の 他

表 8.30 すき焼きのたれ

原 材 料 名	配 合 量
濃口醬油	35.0g
「味しるべ®M」*1	18.0g
「味しるべ®D-50N」*2	10.0g
「だししるべ®S-1」*3	1.3g
「エキス調味料ビーフBR-04L」*4	1.0g
「グルタミン酸ソーダ」	0.3g
「新ウマミックス®」*5	0.3g
「リボタイド®」	0.05g
水	残量
粉末状マルチトール	2.9g
「アセスルファムカリウム」	0.05g
「アスパルテーム」	0.05g
合　　　計	100.0g

「　」は武田薬品工業㈱の製品
＊1　発酵調味液，＊2　発酵調味液，＊3　しいたけエキス調味料，＊4　ビーフエキス調味料，＊5　総合調味料

表 8.31 めんつゆ（ストレートタイプ）

原 材 料 名	配 合 量
濃口醬油	10.0g
「だししるべ®K-1」*1	5.0g
「だししるべ®K-FCN」*2	3.0g
「味しるべ®M」*3	2.7g
「だししるべ®S-1」*4	2.0g
「グルタミン酸ソーダ」	0.6g
「リボタイド®」	0.045g
「新ウマミックス®」*5	0.1g
水	残量
還元水飴	1.3g
「アセスルファムカリウム」	0.034g
合　　　計	100.0g

「　」は武田薬品工業㈱の製品
＊1　かつおエキス調味料，＊2　かつおエキス調味料，＊3　発酵調味液，＊4　しいたけエキス調味料，＊5　総合調味料

8. 代表的な食品の処方例

表 8.32　こしあん

原　材　料　名	配　合　量
つぶしあん（50%水分）	62.8g
食塩	0.2g
砂糖	17.8g
粉末状マルチトール	10.0g
還元水飴	9.0g
「アセスルファムカリウム」	0.046g
酵素処理ステビア	0.020g
合　　計	100.0g

「　」は武田薬品工業㈱の製品

表 8.33　福神漬け調味液

(50%圧搾原料（野菜）1重量部に対し，上記調味液3重量部を加え，漬け込む)

原　材　料　名	配　合　量
「漬物用調味液 TB」[*1]	15.0g
食塩	7.0g
「飲料乳酸」	0.6g
「ウマミックス® MS-S」[*2]	0.5g
カラメル	0.5g
酢酸	0.1g
赤色 102 号	0.04g
水	残量
果糖ぶどう糖液糖	20.0g
砂糖	9.7g
D-ソルビトール（液）	8.0g
「アセスルファムカリウム」	0.13g
合　　計	100.0g

「　」は武田薬品工業㈱の製品
 ＊1　たん白加水分解物，＊2　総合調味料

8.4 その他

表 8.34 海苔佃煮

原 材 料 名	配 合 量
濃口醬油	28.0g
玉のり	8.5g
「味しるべ®B」*1	3.0g
食塩	2.2g
「だししるべ®K-1」*2	0.4g
「プレックス®CT」*3	0.3g
「オルノー®CW」*4	0.3g
水	残量
還元麦芽糖水飴	16.0g
「アセスルファムカリウム」	0.028g
酵素処理ステビア	0.024g
合　　　　計	150.0g
最　終　重　量	100.0g

「　」は武田薬品工業㈱の製品
＊1 発酵調味液，＊2 かつおエキス調味料，＊3 調合調味料，＊4 増粘安定剤

表 8.35 昆布佃煮

原 材 料 名	配 合 量
濃口醬油	40.0g
昆布	25.0g
「味しるべ®B」*1	3.8g
食塩（粉砕）	2.0g
「だししるべ®L-1」*2	1.0g
「だししるべ®S-1」*3	0.5g
酢酸	0.3g
水	残量
還元麦芽糖水飴	15.0g
D-ソルビトール（液）	8.0g
「アセスルファムカリウム」	0.03g
酵素処理ステビア	0.07g
合　　　　計	361.0g
最　終　重　量	100.0g

「　」は武田薬品工業㈱の製品
＊1 発酵調味液，＊2 昆布エキス調味料，＊3 しいたけエキス調味料

8. 代表的な食品の処方例

表8.36 すし酢

原 材 料 名	配 合 量
醸造酢（穀物酢 4.2%）	57.0g
食塩	8.0g
「プロフレックス®EX2」*	1.0g
「グルタミン酸ソーダ」	0.6g
水	残量
果糖ぶどう糖液糖	13.5g
「アセスルファムカリウム」	0.035g
酵素処理ステビア	0.050g
合　　　計	100.0g

「　」は武田薬品工業㈱の製品
＊ 素材調味料

表8.37 イチゴジャム

原 材 料 名	配 合 量
冷凍イチゴ	70.0g
砂糖溶液（67重量%）	8.0g
「ペクチン HS-20」	1.0g
クエン酸溶液（50重量%）	0.6g
水	100.0g
還元水飴	40.5g
果糖ぶどう糖液糖	5.0g
「アセスルファムカリウム」	0.04g
合　　　計	231.0g
最 終 重 量	100.0g

「　」は武田薬品工業㈱の製品

参 考 文 献

1) アセスルファムカリウムの新規指定：食品衛生調査会毒性部会及び添加物部会報告(抜粋)，日本食品添加物ニュース(JAFAN)，**19**(6)，253(2000)
2) 太田静行：食品調味論(1976)，幸書房。
3) 吉積智司，伊藤　汎，国分哲朗：甘味の系譜とその科学(1986)，光琳。
4) 並木清夫，青木博夫訳：新しい甘味物質の科学(1977)，医歯薬出版。
5) 俣野和夫，大沼　明，浅野貞男：高甘味度甘味料アセスルファムカリウム，月刊フードケミカル，No.1, 68(2000)
6) 俣野和夫，大沼　明，伴マリア，木田隆生：アセスルファムカリウム"サネット®"の特性と食品への利用，食品と科学，**42**(5)，1(2000)
7) 俣野和夫，大沼　明，伴マリア，木田隆生：アセスルファムカリウムと他の甘味料との併用効果，月刊フードケミカル，No.5, 23(2000)
8) 太田静行：新甘味料「アセスルファムカリウム」，食の科学，**42**(6)，50(2000)
9) 早川幸男：ソフト・ハード＆ヒューマン，No.63, 12(2001)
10) 等々力博志：ソフト・ハード＆ヒューマン，No.62, 27(2000)

参 考 文 献

11) Acesulfame-K edited by D.G. Mayer and F.H. Kemper, marcel dekker, inc.(1991)

12) T.H. Grenby and M.G. Saldanha, studies of the Inhibitory Action of Intense Sweeteners on Oral Microorganisms Relating to Dental Health, *Caries Res*, **20**:7-16(1986)

13) 厚生省令第 93 号，厚生省告示第 225 号（平成 12 年 4 月 25 日）

【特別寄稿】

日本の甘味料の歴史

太 田 静 行

1. 日本の甘味料

甘味料といえば現代では，まず，もちろん砂糖を考えるであろう。しかし，日本でこの砂糖を一般の庶民が使えるようになったのは江戸末期で，その歴史は200年くらいのものである。

甘味料は一般に好まれる味で，特に，疲れた時とか，これから活動しようという時に望まれたものと考えられる。

甘味料としての砂糖が「太るから」とか「体重がふえるから」というような理由で敬遠され，エネルギーの少ない，あるいはエネルギーのない高甘味度甘味料が使われるようになったのは，極めて最近のことである。

1.1 先 史 時 代

縄文時代や弥生時代に関する我々の知識は，新しい遺跡の発掘などによって，年々改変されている。しかし，植物の採取と動物の捕獲で食糧を得てきた我々の祖先は，いつも飢餓と隣り合わせで生きてきたであろう。また，当時の人々は，甘いものには，現代の飽食の時代の人々とはかけ離れた，思いとか喜びがあったであろう。

【特別寄稿】日本の甘味料の歴史

当時の甘いものといえば，これは果実であったろう。カキ，モモ，アケビ，ノブドウなどは当時の日本の山野にあり，クリ，クルミなども甘い食べ物として喜んだであろう。蜂蜜も貴重な甘味料であったと思われる。

1.2 奈 良 時 代

奈良時代は，都が平城京（奈良）に置かれたために，この名がある。奈良時代には階級社会が確立され，貴族と庶民の生活の差が著しくなり，当然食生活の面でも差が開いてきた。貴族は大陸文化の影響を強く受けて，それを取り入れることが盛んになり，一方，庶民は『万葉集』の「貧窮問答歌」に見られるような貧窮生活者が多く，食生活も粗末なものであった。

貴族は米を常食としていたが，庶民は雑穀が主食であった。狩猟や漁撈，農業に従事する形となったが，技術的には大変進歩し，特に漁撈は重要視されたようである。

この時代に大陸から渡来した仏教が広まるにつれ，貴族階級には肉食の禁忌が始まった。

甘味料と関係が深い菓子については，奈良・平安時代になると，大陸との交流が盛んになり，遣隋使や遣唐使などによって，わが国に大陸文明とともに唐菓子も入ってきた。これは米，麦あるいは大豆，小豆など穀類の粉を練ったり，塩や甘味料で味を付け，揚げたり蒸したりしたもので，これを「からくだもの」と称して珍重していた。

この時代になると調味料の種類が増え，味付けだけでなく薬餌としても用いられたようである。正倉院文書その他によると，当

1. 日本の甘味料

時の調味料としては、食塩、酢、醬(ひしお)、未醬(みそ)、酒、糖(あめ)、甘葛煎(あまずらせん)、胡麻油があった。

これらの調味料は、食品にしみこませて用いたのではなく、付けたり、かけたりして用いられ、調味の目的のほか栄養や薬などの役目も兼ねていたようである。

奈良時代の甘味料として記録に見えるのは糖（飴）・甘葛煎・蔗糖(しょとう)・蜜がある。この内の蔗糖は恐らく今日の砂糖に相当するが、それは「奉盧遮那仏種々薬帳」中にあるから当時は薬であった。

奈良時代にも蜂は僅かながら飼養されていたと思われ、貴族の一部では、蜜が日常の甘味料として賞用されていたのかもしれない。しかし一般には縁遠いもので、飴と甘葛煎が普遍的な日常の甘味料であったというべきである。

1) 糖・飴

『延喜大膳式(えんぎたいぜんしき)』に「糖料、糯米(もちごめ)一石、萌(もやし)小麦二斗、得三斗七升」と、糖の造法が示されているが、この原料から作られるものはアメであったろう。白米を原料とした「煮糖料」（食物下帳）と考え合わせれば、アメの製造は十分可能であった。

また『和名抄(わみょうしょう)』に、「飴　説文云飴　音怡〈和名〉阿女　米糵為之」とあり「アメ」と訓む。糖とは恐らくこれであったろう。

計量は斗升単位で行っているが、斗単位は稀で、斛(こく)（石）単位の実例はみえない。高価であったためか、大量に計量する機会はなかったようである。

価格は、年代によって多少の出入りはあるが米の数倍前後で、相当高価であり、調味類中では、ことに高価なものであった。

【特別寄稿】日本の甘味料の歴史

2) 甘 葛 煎

『和名抄』に,「和名阿末都良　本朝式云甘葛煎」とあり「アマヅラ」と訓む。また,『本草和名(ほんぞうわみょう)』には「千歳藁汁……和名阿末都良,一名止々岐」とあり,「アマヅラ」のほかに「トトキ」という訓みを示す。これについては,『貞丈雑記(ていじょうざっき)』に「あまづらはあまかづら也（俗にあま茶というもの也）つるある草なり　其葉をせんじねりて水飴などの如くして食物にまぜて甘味を付るなり……アマツラノ製ハ類聚雑要抄ニアリ」と書かれている。また,甘葛は甘茶の木ともされ,これはアジサイに似た植物の葉を煎じて甘味としたもので,砂糖のない時代には水飴や蜂蜜などとともに甘味として用いられたものである。しかし,これは砂糖に比べると甘味も落ち,いやな甘味のものであったらしい。他に手近な甘味料がなかった以上,この甘葛煎が一般に利用されたであろう。容器として須恵器(すえき)を主として充用しているから,これは煮出した汁液状のものであったことが考えられる。

1.3 平 安 時 代

この時代は平安京（京都）に都が置かれたのでこの名がある。前代に伝来した仏教が広まるにつれ,平安時代は殺生戒(せっしょうかい)から肉食を禁ずるようになったのが特徴といえる。殺生戒からくる肉食の禁忌が顕著になるにつれ,貴族の食膳にその影響が現れてきた。しかし庶民の間には広まらず,彼らは引き続いて健康的な食生活を送っていた。貴族にとってはこの時代は文字通り平安の時代であり,文化は形式化し,食生活にもその反映が見られ,肉食の禁忌と相まって形式的な不自然な食生活となっていった。

1. 日本の甘味料

　この時代は主食，副食ともにさまざまな調理法が行われるようになった。食物の調理法は大いに進歩し，主食では，米を蒸した強飯(こわいい)のほかに，米を煮た固粥(かたかゆ)と汁粥(しるかゆ)があった。固粥は姫飯(ひめいい)ともいわれ，のちの飯だと思われる。粟飯(あわめし)，黍飯(きびめし)なども記されている。汁粥は後の粥であり，米だけの白粥のほかに，芋粥(いもがゆ)，小豆粥(あずきがゆ)，粟粥があり，魚貝や海藻を入れた粥もあった。粥を味噌で煮た雑炊(ぞうすい)のような味噌水(みそうず)，強飯を握り固めた屯食(とんじき)も行われている。

　副食は，「あわせ」とか「な」と呼ばれていた。調理法としては，生食(そさい)（蔬菜類），膾(なます)（鳥獣魚貝を切ってそのまま食べる），焼物，煮物，蒸物，茹物(ゆでもの)，羹(あつもの)（吸物にあたる），汁物，煮凝(にこごり)（つくだ煮のようなもの），鮨(すし)（魚肉などを発酵させて酸味を付けたもの），漬物，嘗物(なめもの)，醤，干物（乾魚や乾肉など），からすみ，目刺様のもの，魚を薄切りにして干した楚割(すわり)などがあった。

　また，餅や，今日の菓子にあたる唐菓子（木菓子すなわち果物と区別してこう呼ぶ）も盛んに作られ，ある程度澄んだ酒も作られた。

　飲食が享楽的になり，調味料もそれに伴って発達した。『延喜式』に，酢の用途としては，好物料，海菜料，生菜料，汁物料などがあげられている。酢には，米酢，酒酢，梅酢，菖蒲酢(しょうぶ)，雑果の酢があったようである。

　甘味料の種類は前代と変わりはない。甘味系のものは米を主とする穀物で作った飴（糖）が最も多く，菓餅料，好物料，海菜料，生菜料，索餅料に使われている。餅や唐菓子にかけた甘葛煎は，前にも述べたように，甘葛（千歳藟）という野生の蔓草の煮出汁を濃縮したものであった。その他，蜂蜜や干ナツメ，干柿(ほしがき)な

【特別寄稿】日本の甘味料の歴史

どの果実粉も甘味料とされたが、ブドウ糖系の甘味は熱で低下するのでいずれも食品の上から振りかけて用いた。砂糖は『本草和名』に『沙糖，甘蔗汁作之』とあるが、まだ舶来の薬物と見られ調味料の用はなさなかった。

甘葛煎は『枕草子』に「あてなるもの。薄色に白襲(しらがさね)の汗衫(かざみ)。かりのこ。削り氷(ひ)にあまづら入れて、あたらしき鋺(かなまり)に入れたる。……」と書かれており、よい甘味料のように思われるが、今考えると、それほど良いものではなく、後の時代になると甘葛煎は甘味料としてはほとんど使われず、甜茶(てんちゃ)(甘茶)として使用され、姿を消してしまったようである。

1.4 鎌 倉 時 代

源頼朝が鎌倉に幕府を開いたので、この時代は鎌倉時代と呼ばれ、鎌倉時代は武士階級の時代である。形式にとらわれない武士の生活の反映で、食生活は簡素で合理的になった。

平安時代の後期から武士の台頭によって貴族社会は斜陽化していった。武士は、棟梁である地方貴族を除いて、元来地方の庶民であり、その生活は奢侈(しゃし)に流れることなく健康的、生産的であった。したがって古代的な生活様式を多く受け継いでおり、食生活も簡素で合理的であった。形式ばらず、禁忌にとらわれず、古代と同じく主食に穀類をとり、副食に魚や肉を食べる時代が、再び到来した。鎌倉時代には前代にもまして様々な食品が使われるようになった。

武士と農業は荘園を背景として関係が深く、武士の時代になったことで、農業は著しく発達した。穀類、野菜の種類が増え、海

藻もいろいろ食べたようである。鳥獣魚貝も従来とほとんど同じ材料が使われている。交通の発達に伴って，京都の市では様々な名産物が販売されていた。

調理法は前代とあまり変わりがないが，武士の習慣による簡素なものが主流であった。特殊なものとしては，禅寺の精進料理に，肉食を避けて油を用いる独特の調理法があり，後に民間にも伝わってゆく。禅寺では，点心と称して間食をとることが行われ，うどんとか餅，あるいは木菓子（きがし）（果物），唐菓子を食べていた。なお，料理を専門とする職人が現れたのもこの頃のことである。

調味料としては，醬，塩，酢，酒，煎汁（いろり），飴（糖），甘葛煎，蜂蜜，果実粉などが前代と同様に用いられ，いずれも，食膳に何種か出しておいて，付けたり，かけたりして味わったようである。

1.5 室町時代

室町時代は，将軍家の家名によって，足利時代と呼ばれることもある。室町の名は1378年（永和4年）に足利義満が京都北小路室町に新邸，いわゆる花の御所を造営し，以後，ここが室町殿と呼ばれて幕府の拠点になったことによる。

室町時代にはいって，懐石料理が生まれた。これは足利義政の時代の東山文化を代表する茶に付随して起こったものである。懐石とは「温石（おんじゃく）を懐して腹を温める」という意味で，料理は禅宗の寺院風の簡素なものであった。一汁二菜か三菜の，一見簡素な料理の中に十分に工夫がこらされ，当時の趣味にかなった，見て

【特別寄稿】日本の甘味料の歴史

美しく味わって奇なものであった。これは後の日本料理の主流になってゆく。

これまで一般には朝，夕の2回食であったのが，禅寺においてとられていた点心と呼ぶ軽食が中間食として昼食化し，現代のような毎日3食の習慣がつくられたのがこの頃である。もちろん，3回食はあらゆる階級の人たちが全部そうなったのではない。当時あちこちから兵を集める場合，「その集まった者には菜や大根を1日に二度の食事にあたえる」というようなことが資料に残されているし，後のことになるが仙台藩62万石の藩主伊達政宗のことを記した『命期集』には，政宗が昼食をとっていなかった様子が記されている。

一方，朝は粥，昼は漬菜の類（くもじ）の軽い食事ではあるが，1日3食とった様子も記録に残されている。1596年（慶長元年）に来日した朝鮮通信使黄慎らの見聞記である『日本往還記』にも，日本人の食事習慣が3回食であることが記されている。そしてさらに，武士や労働する農民とか職人などは，うどん，そうめん，餅などの間食もとっていたようである。徐々に食習慣が変わっていったといえる。

従来，米食は上層社会には普及していたが，庶民は雑穀を主としていた。この頃になると，支配階級である武士の習慣が一般に及び，生産力の向上もあって，貧困の場合を除けば，食生活に上下のへだたりが少なくなった。米食が常食化したのもこの時代である。米の食べ方は強飯よりも姫飯が好まれた。

変わり飯として，あるいは米の不足を補う方法として，麦，アワ，ヒエ，クリ，トチ，豆，野菜の炊き込み飯が行われた。副食

物を小さくして飯にのせ，汁をかけて食べる芳飯(ほうはん)という中国風の食べ方もあった。

各種の粥，醬水(ぞうすい)も喜ばれ，米の加工品として，餅もさまざまに作られている。

この時代，南蛮地方，中国南部，南方諸島の文化が渡来したが，これとともにそれまでわが国になかった植物も伝来した。西瓜(スイカ)，南瓜(カボチャ)，玉蜀黍(トウモロコシ)，蕃椒(トウガラシ)，甘藷(カンショ)(サツマイモ)，馬鈴薯(ジャガタライモ)(ジャガイモ)，鳳連草(ホウレンソウ)，芥藍(カンラン)(キャベツ)，トマト，仏手柑(ブシュカン)，葡萄(ブドウ)，南京豆，イチジク，バナナなどはこの頃もたらされたものである。

豆腐，麩(ふ)，コンニャクも精進物として重宝されるようになった。

調理法もほとんど出そろった感があり，なま物(刺身，膾(なます)，和え物)，汁物，煮物，熬物(いりもの)，炙物(あぶりもの)(焼物)，蒸物，漬物などが行われ，揚物も行われるようになる。

なま物に添える調味料にまぜる香辛料，薬味も，材料によって変化がつけられ，かなり微妙になっている。調味料については，醬のたまりから醬油ができ，砂糖も中国，琉球からかなり輸入されるようになった。

鎌倉時代の末期から室町時代にかけて堺や博多が貿易港として発達するにつれ，大陸からの砂糖の輸入量はしだいに増えてきた。その頃もまだ薬用としていたが，貴族や豪族などは菓子の原料や調味料として珍重していたようである。

1.6 安土桃山時代

安土桃山時代は織田信長と豊臣秀吉が政権を掌握した時代で織

【特別寄稿】日本の甘味料の歴史

豊時代とも呼ばれる。安土の名は信長が 1576 年（天正 4 年）に近江安土城に本拠を移したことにちなみ，桃山の名は秀吉が晩年の居城を山城伏見の地につくり，この地が後に桃山と呼ばれるようになったことに基づいている。この時代は戦国の世がようやく武力によって統一された時代で，わずか 30 年余りであるが，封建社会の発展にとって重要な時期である。

食生活については，公家風，禅林風，庶民風のものが武家風に簡略化されながら集大成された時代といえる。南蛮人の渡来とともに南蛮料理がはいってきて，一部に行われるようになった。その代表的なものがテンプラであり，さらに牛肉を食べることも新しがりやの大名の間で流行したといわれる。また中国風の食卓料理も珍しがられ，やがて材料や味付けを和風に淡白化した和風中国料理となり，しっぽく料理と呼ばれて賞味された。「しっぽく」とは，古い中国語で机のことであり，食卓料理のことである。

鎌倉時代には茶が本格的に作られるようになり，室町時代から安土桃山時代にかけて茶道が盛んになった。千利休が茶道を大成したのもこの時代である。茶の普及と茶道の興隆によって，茶の湯に用いられる点心として菓子が発達し，現在の和生菓子の原型がつくられるようになった。ここに嗜好品としての製菓の基礎が出来上がったといえる。点心とは中国の言葉で「軽く食べること」，「わずかの間食」を意味するが，それがわが国では，茶道の「茶の子」と同義に使われるようになったのである。

この時期，茶道の普及に伴って和菓子が発達した。それは，季節，お茶の種類，菓子の器，使用する茶室の雰囲気など，その茶の湯の舞台に合った菓子を作ろうという努力の結果といえよう。

1. 日本の甘味料

茶菓子は本来、お水屋で亭主自らが作り、客に差し上げるものであったが、製菓技術の専門化によって、いわゆる菓子司に委託するようになった。この頃には、現在「しにせ」といわれる和菓子メーカーが誕生し始めていた。

茶の湯に使われる菓子は「茶菓子」、「茶の子」、「点心」などと呼ばれ、主菓子（おもがし）と干菓子に分けられる。一般に濃茶には主菓子が、また薄茶には干菓子が用いられる。主菓子とは、もともと献上菓子から生まれた上菓子といわれる生菓子のことである。その主なものは、餅菓子、きんとん、練り切り、棹物（さおもの）（ようかんなど）、焼菓子、求肥（ぎゅうひ）などである。いずれも比較的やわからく、濃茶に合う。一方、干菓子には、打ち菓子、焼菓子、押し菓子、有平糖（あるへいとう）などがあり、比較的かたいが口どけのよいものである。

茶の湯での主役は茶そのものであるから、茶菓子としては主菓子、干菓子いずれの場合も、甘すぎたり、菓子の味が強すぎたりしてはならず、茶の味をひきたてる程度のものがよいとされている。すなわち、茶の苦味をおいしく味わえるように、甘味あるいは塩味を適度に与えるものであり、したがって大きさも、一口か二口で味わえるものがよい。

この時期、海外との文化交流は絶えることなく、この傾向は鎖国政策がとられた江戸時代初期まで続いた。その間に、いわゆる南蛮人と呼ばれたポルトガル人やスペイン人たちが渡来し、キリスト教やヨーロッパ文化とともに、珍しい南蛮菓子をもたらした。これらのなかには現在も名を残しているものが多く、カステラ、ボーロ、ビスケット、パン、有平糖、金平糖（こんぺいとう）、カルメラなどがある。

【特別寄稿】日本の甘味料の歴史

　この時代になると，それまでは甘味料として，甘葛や甘茶，糖化飴が用いられていたが，南蛮菓子とともに砂糖が輸入され，ますます菓子の発達を促した。スペイン人やポルトガル人などはヨーロッパ産の砂糖を日本に持ち込んだようである。織田・豊臣時代には朱印船による貿易がさかんで，砂糖の輸入もしだいに行われるようになった。

1.7 江戸時代

　江戸に幕府が開かれた1603年（慶長8年）から，1867年の大政奉還（慶応3年）が行われた時までの時代で，この265年間を徳川時代ともいう。徳川将軍を君主とする幕藩体制の時代である。鎖国制が敷かれていたこともあって，この時代は，経済・文化の面で，独自の発展がみられた。

　鎖国によって世界の大勢に遅れた反面，世は太平を得，国民に学問，芸術を楽しむゆとりが生まれた。町人たちが文化を求めた結果，町人文化が栄え，前代までの外来文化を消化した純日本式文化が広まった。

　幕府や諸藩は殖産興業政策をとり，耕地の増大，農耕技術の改善，品種の改良，漁業技術の向上，食品加工の進歩により，食物の生産は増加し，一般の食生活は，これまでになく豊かなものになった。また，地方産業の発達にともない，地方色豊かな特産品が多くなり，現代の地方名産と呼ばれるものにつながっていく。

　江戸時代の食生活では，貴族的な宮廷風料理，寺院風の懐石料理，南蛮料理，中国料理が取捨選択され，それらの集大成としての和食が完成されたことが，特色ということができる。味覚は洗

1. 日本の甘味料

練され，食品，調理法とも現代のものに近づいた。

　元禄の上方文化期に，上方を中心に発達した調理法や食品はともに江戸に受け継がれた。懐石料理は会席料理に変化して一種の定食となり，食味も濃い味から薄い味へと変わってゆき，粗野な塩味から複雑なうま味への変化が見られる。

　「江戸に生れ男に生れ初鰹」の句にも見られるように，初物や珍味を愛好し，味覚の奢侈化が進んだといえよう。テンプラ，蒲焼(かばやき)，そば切りを売る店が軒を並べるようになり，八百屋，魚屋では，野菜や魚を洗ったり切ったりして売るようになった。コショウやトウガラシなどの香辛料の使用も一般的となった。揚物もテンプラなどいろいろ作られ，テンプラ店などでも売られるようになった。

　江戸時代には，文化の中心が京都と江戸の2か所にあった。菓子の文化も同様で，京都では茶道の普及に伴って発展し，高級な京菓子としての地位を築いた。一方，江戸菓子は京菓子から発達したが，そのままの高級イメージをもった上菓子と，黒砂糖などを使った素朴で庶民的な雑菓子とに分かれた。雑菓子は値段も安く，駄菓子とか一文菓子と呼ばれ，江戸庶民の人気を集めた。

　江戸時代中期には，京菓子も含め，現在みられる和菓子のほとんどが出来上がり，餅菓子，ようかん，まんじゅう，もなか，おこし，せんべいなどが登場していた。砂糖の生産も行われ，手づくりによる和菓子独自の発達が頂点に達した時代である。

　調味料は，これまでのもののほかに，醬油，みりん，砂糖が加わり，昆布，かつお節がうま味料として用いられるようになった。調味料として，塩，醬油，酢，砂糖などはかなり一般的とな

り，すでに工夫された形で生産されていた。

　砂糖については，江戸時代にはいると，慶長年間に奄美大島で日本最初の甘蔗糖（サトウキビの砂糖）製造が行われた。その後，徳川吉宗や各藩主の保護奨励もあって，黒糖の生産は九州，四国，中国，東海などの地域に広がっていった。徳川の末期になると砂糖の消費が増え，輸入砂糖の見返り品としてかなりの金，銀，銅が海外に流出したので，これを防ぐため黒糖の生産はますます盛んとなった。

1.8　明治・大正時代

　1867年10月，徳川慶喜が大政を奉還すると，明治天皇の新政府が誕生した。諸制度の制定，風俗の改善，封建的遺風を捨て去るための運動が，着々と進められていった。鎖国による孤立化，立ち遅れを取り戻すとともに，すべての様式を欧米風に改めることになり，国民文化の向上はめざましいものであった。当時の日本の文明化は，すなわち欧米化を意味していたのである。

　日清・日露の戦争，そして大正時代にはいっては第一次世界大戦，それらをきっかけに世界との関係が密になって，海外文化がますます流入し，国民文化はいっそう近代化された。

　このことは，食生活にも大きな影響を与えた。階級制度が廃止されると，国民の生活意識はかなり自由になり，食事は均質化され，また，前代の食品タブーも通用しなくなった。明治5年には，明治天皇も牛肉を食され，これによって牛肉は文明開化の象徴のように考えられた。こうして肉食禁忌は打破された。当時の日記によると「近ごろのはやりものとして，牛肉，豚肉，西洋料

理云々」とあり，食べ方は従来の調理法によるものが主で，牛肉とネギを煮込んだり焼いたりして食べた。

明治にはいって，洋食が一般家庭にも徐々に浸透し，肉，牛乳と乳製品，パン，嗜好品，西洋野菜などが普及し始めた。欧米から輸入された食品や調理法は，洋食屋から次第に一般家庭にはいっていき，食生活では，欧風のものが日常化していった。和風食品の洋風調理，洋風食品の和風調理も行われ，食生活は複雑になっていったのである。

明治の中頃になると，フライなどの油料理，牛・豚肉を使ったテキ，カツ，カレーなどが一部の家庭で作られるようになり，洋風の新しい料理の作り方を紹介する雑誌も現れ，和食と洋食が家庭に混在し始めた。

食品衛生知識も教育の普及とともに向上し，食品の扱いについても，新鮮で衛生的なものを消費者に届けるようになった。缶詰，瓶詰の技術がもたらされて，各種の缶詰，瓶詰が出まわり始めた。

パンも一般の食用に供されるようになった。当時のパンは，メリケンパン，フランスパン，日本食パン，菓子パンなどがあり，その普及は急速ではなかったが，徐々に広まっていった。

食品の種類にも新しいものが加わり，ジャガイモ，トマト，タマネギ，キャベツが用いられるようになり，アスパラガス，セロリー，パセリの西洋野菜も知られるようになった。従来の野菜の品種改良も盛んに行われて生産は増大した。果物もネーブル，サクランボ，バナナ，パイナップルなどが輸入された。

牛肉，豚肉，鶏肉，牛乳，鶏卵の需要は急速にふえ，一部では

【特別寄稿】日本の甘味料の歴史

馬肉も食べられた。

調味料は，この時期ますます豊富になり，うま味調味料が誕生した。また，塩，醬油，味噌，酢，砂糖，かつお節，昆布など従来からあった調味料が普及した。特に味噌は米と並んで重要なものであった。農村などでは，必要なタンパク質の大部分を味噌からとるほどで，濃い味噌汁を三度の食事に欠かさず，その味噌は自家で製造していた。

日清戦争以後になると，台湾から砂糖が安く輸入されるようになり，これによって砂糖の消費量は増大した。

明治末期からは各種のソースやうま味調味料も市販され，このことは，洋食の普及に一役買ったといえよう。また，コショウ，カラシなどの香辛料や油の需要がふえ，バターやチーズも徐々に使用されるようになってきた。

こうして，食品や調味料が豊富になったうえ，洋風料理が知られるようになったので，フライ，カツレツ，ビフテキ，コロッケ，オムレツ，チキンライス，サラダ，ライスカレー（洋食と考えられていた）などが親しまれるようになり，やがて一般家庭でも作られるようになる。明治の末期には町に洋食店がふえ，少し遅れて関東大震災後には中華料理店も現れてきた。

しかし，農山村の日常の食事は貧しく，旧習を固守していたこと，経済上の理由などから，食生活の改善には消極的であった。

コーヒー，洋酒，ビール，ラムネ，レモン水，サイダー，アイスクリームが売り出され，菓子は和菓子が発達したのと並んで，洋菓子が普及し始めた。当時の洋菓子には，ケーキ，ビスケット，カステラ，チョコレート，キャンディー，ボンボンなどがあ

った。これらは日本人が，これまで親しみのなかった乳製品の風味に慣れるに従って，しだいに人気が出てきたのである。わが国では洋菓子の製造技術が進むにつれて，和菓子もその影響をうけ，簡単な機械を使ったり，また，それぞれの特徴を取り入れた菓子が作られるなど，菓子界の基礎が出来上がった。現在の洋菓子メーカーにもこの時期に生産を始めたものが多い。

明治時代には日本人の砂糖消費が急激にふえたため，国内糖では需要をまかないきれず，ほとんど輸入に依存しなければならなかった。したがって，当時の日本経済にとって砂糖は重要な問題であった。

その頃，日本は日清戦争に勝って台湾を領有したので，政府は多額の助成金を出して，甘蔗栽培農業と砂糖製造工業の計画を進めた。

わが国の甜菜糖（ビート糖）業を見ると，明治3年，民部省勧農局長の松方正義が新宿勧農試験場で甜菜の栽培を行わせたが，不成功に終わった。その後，1914年（大正3年）に第一次世界大戦が始まった。ヨーロッパが戦場になり，甜菜糖の産地が荒れて，糖価が暴騰したため，日本の国内産糖の重要性が認識され，甜菜糖業が再び脚光を浴びるようになった。

1.9 昭和の前半（戦中戦後を含めて）

昭和の年代は長い。64年である。この昭和時代は戦争をはさんで前半と後半に分けて考察すると分かりやすいように思われる。1937年（昭和12年），日本は中国と戦争状態に入り，昭和15年には戦時物資統制令により，砂糖は戦略物資として指定さ

【特別寄稿】日本の甘味料の歴史

れ,配給統制されるようになった。1939年(昭和14年)にはヨーロッパを中心として第二次世界大戦が始まり,1941年(昭和16年)には日本は太平洋戦争に突入した。1945年(昭和20年)8月の第二次世界大戦の終了まで,日本国民は筆舌に尽くし難い困苦を味わったのである。

昭和の前半は政治的には軍事色が強くなりつつあって,不安定な暗い時期とも思われるが,食糧事情という点では平和な良い時代であった。タンパク質がやや不足したとも思われるが,戦後,世界の模範とされた日本食の源流はこの時代にあったと思われる。

昭和の前半の甘味料は,いうまでもなく砂糖で,砂糖消費量は大正10年61万トン,昭和10年99万トン,昭和14年116万トンで,この頃に砂糖消費量が戦前のピークに達している。この後,著しく減少して,昭和19年には21万トン,昭和20年には4万6,000トン,昭和21年には1万5,000トンと,最低になっている。

高甘味度甘味料としては不溶性サッカリンがあった。サッカリンナトリウムなどの今日でいう食品添加物は,日本では明治から第二次世界大戦終了までの間,「有害性着色料取締規則」(明治33年4月,内務省令第17号),「人工甘味質取締規則」(明治34年10月,内務省令第31号),「飲食物防腐剤取締規則」(明治36年9月,内務省令第10号),その後,内務省令第10号は漂白剤を加えて「飲食物防腐剤漂白剤取締規則」(昭和3年6月,内務省令第22号)と,昭和の初期までに法令が整備され取り締まられていた。戦後も,これらの法律は生きてはいたが,敗戦という混乱状態におい

ては全く無法状態にあった。

戦中戦後の食糧欠乏の頃には菓子は極めて貴重なものであった。主食が確保できればそれだけで満ち足りた気分になれた。この太平洋戦争の時期から終戦後数年までは，砂糖など製菓原材料の欠乏により菓子業界は停滞したが，昭和27年ごろ原材料事情の好転を境に，飛躍的に発展した。

戦中戦後の物資不足の頃，人々が欲しがったものは米と砂糖であった。昭和30年ごろ，三白景気といわれたが，その三白とは砂糖と肥料の硫安，それとセメントであった。

第二次世界大戦後の糖業は，輸入糖精製工業を中心として急速に発展した。戦後の精糖工業の特色は，活性炭法の改良型精糖法を採用した点である。現在国内市場に供給されている糖種は，戦前と一変して白糖が大部分を占めている。原料面からみると，台湾など産糖地を失った日本では，最低限度の国内砂糖自給確保と，寒冷地および暖地の農業政策上の要請から，戦前に始まった北海道甜菜糖の増産を主体として，政府による手厚い保護育成が行われてきた。原料糖輸入が自由化されたのは1963年（昭和38年）である。

1.10 現　　代

「もはや戦後ではない」といわれたのが昭和30年前後である。この時期から，米偏重の食生活が改まり，栄養知識が普及し，食生活は飛躍的に改善された。和洋中華料理が共存し，日本人の食べ物は複雑化した。

第二次世界大戦後の食生活は，統制と配給の中で始まった。全

【特別寄稿】日本の甘味料の歴史

般的な食糧不足の中で，米に代わる代用食の奨励が行われ，国民は長い米食習慣を改めなければならなくなった。この経験から，パン食の習慣が広まった。

洋風の食品および料理は，国民の常食として都市から地方，農村にまで広まった。また，ラーメン，ワンタン，チャーハン，シューマイ，ギョウザなどの簡易中国料理が親しまれるようになった。

いまや日本人の食生活は，和洋中華を共存させて，きわめて複雑になった。和洋中華の料理のそれぞれの長所を取り入れて，和洋中華のいずれともいえない合理的な料理もいろいろ作られている。一方，長い年月を経た伝統的な和食，郷土食への愛着も強い。調味料も新しい時代の生活様式と嗜好に合わせて工夫され，現代の食生活の中に生きている。

製菓業界はこの時期以降，原材料事情の好転とともに，飛躍的に発展した。機械による製菓技術の導入開発は次々に進み，洋菓子のみならず，従来，機械化の困難であった包あん和菓子なども，自動包あん機の開発によって，一定品質のものが大量に生産されるようになった。

昭和30年代から40年代にかけて，日本の砂糖消費量は年々増加し，昭和47年に300万トンを超え，昭和48年には318万トンとなった。これは日本の有史以来の砂糖消費で，その後は減少している。

昭和の終わりに近くなると，砂糖のとりすぎが問題になり始めた。砂糖のとりすぎが糖尿病や高血圧，心臓疾患などの成人病を招く，というのである。これらの成人病には運動不足やストレス

などが関与し，砂糖のとりすぎはその原因の一つに過ぎない，と考えられ，この点，砂糖のために弁護しておきたい。

一方，日本人の糖尿病の増加，栄養摂取節減を必要とする成人の増加などにより，高甘味度甘味料の存在価値を認識し始めたのも昭和の終わりから平成にかけてで，このことは次節で詳しく述べたい。

2. 最近の高甘味度甘味料

最近の甘味料を考えると，高甘味度甘味料の時代になってきたという感が強い。

戦中戦後の食糧不足の折に，日本国民が甘味料を求めた状況は極めて異常なものであった。砂糖は闇市で高価で売られており，粗悪ないも飴，甘酒なども高級なものであり，サッカリン，ズルチンなども素性が知られている点では，まだ良い方であった。ひどいものでは，ダイナマイトに使用されていたニトログリセリンなどまで甘味料として使用された。当時，爆弾糖という言葉が流行した。この爆弾糖には二つの意味があって，一つは文字通り，爆弾の火薬そのものであり，もう一つは，私の記憶では，たしか p-ニトログリセリン-o-トルイジンというものであった。この化合物は極めて甘いが，毒性は極めて強く，肝臓などに及ぼす影響はまさに爆弾のようなものであったらしい。

こういう甘味物質はもちろん，サッカリンなどの人工甘味料は精製不充分なものが多く，不純物による食中毒も多く発生したが，ニュースバリューは低く，注目する人もあまりなかった。

【特別寄稿】日本の甘味料の歴史

　その後，国民の生活が落ちついて来て，食品の安全性も考慮されるようになった。ズルチンの使用が全国的に禁止されたのが1968年（昭和43年）である。チクロ（サイクラミン酸ナトリウム）も1969年に禁止となった。当時使用されていたチクロの量は砂糖換算で約30万トンといわれている。

　高甘味度甘味料の代表のような形で，アスパルテームが登場してきたのは昭和の終わり頃である。早くから注目されていたが，日本では1983年（昭和58年）8月に食品添加物に指定され，晴れて，一般にひろく使用されるようになった。

　戦中戦後の食糧不足の折には，高甘味度甘味料も含めて，甘味料はただ甘ければそれでよい，というもので，安全性は全く考慮されていなかったが，近年の甘味料は毒性試験，発ガン性試験，催奇形性試験，変異原性試験などの厳重な試験を経て使用が認可されており，全く安全なものとなっている。

　砂糖と化学構造のよく似たスクラロースが食品添加物として許可されたのは1999年であり，良好な甘味と安定性で期待されたアセスルファムカリウムも2000年（平成12年）になって食品添加物の仲間入りをした。天然のステビアやグリチルリチン，ソーマチンと並んで，高甘味度甘味料は勢揃いした感がある。戦前からの歴史のあるサッカリンは時々その安全性が疑われたが，その度にクロの疑問点をクリアしてきて，今も高甘味度甘味料の一角を占めている。

　最近の調査によると，日本の糖尿病患者はその予備軍を含めると，1,370万人に達し，日本の全人口の1割を占めるようになっている。肥満防止の観点から毎日の摂取カロリーを制限している

人も少なくない。こうした人々は疑いもなく,高甘味度甘味料を切望しているのである。一方,その供給面から見れば,その生産体制は万全である。

　甘味料という面から見ても,現代は誠に恵まれた時代である,というのが私の実感である。

　(本稿は「甘味と甘味調味料」と題して,食品化学新聞に連載したもののうち,「甘味料の歴史」の項を一部省略して掲載した。)

参 考 文 献

1) 吉積智司,伊藤　汎,国分哲朗:甘味の系譜とその科学 (1986),光琳。
2) 関根眞隆:奈良朝食生活の研究 (1969),吉川弘文館。
3) 露木英男:食品の履歴書 (1972),女子栄養大学出版部。
4) 朝倉治彦,安藤菊二,樋口秀雄,丸山　信:事物起源事典 (1973),東京堂出版。

編者略歴

太田　静行（おおた・しずゆき）
　1947年　東京大学農学部農芸化学科卒業．
　同　年　味の素㈱に入社，横浜工場に勤務．
　1956年　本店食品研究室，中央研究所にて，主として食用
　　　　　油の利用および改質，食品調味などの研究に従事．
　1974年　北里大学水産学部教授・水産利用学担当．
　1990年　北里大学名誉教授．
　2000年まで十文字学園女子短大で講師，『食品商品学』担当．
　　　　　農学博士・技術士（農芸化学）
　著　書　『食品調味の知識』（幸書房）
　　　　　『ソース造りの基礎とレシピー』共著（幸書房）
　　　　　『たれ類』『つゆ類』（光林）
　　　　　その他著書多数．

高甘味度甘味料　アセスルファムK

2002年4月10日　初版第1刷　発行

編　者　　太　田　静　行
執筆者　　俣　野　和　夫
　　　　　大　沼　　　明
　　　　　大　倉　裕　二
　　　　　木　田　隆　生
発行者　　桑　野　知　章
発行所　　株式会社　幸書房
〒101-0051　東京都千代田区神田神保町1-25
　　　　　Phone 03-3292-3061　　Fax 03-3292-3064
Printed in Japan 2002 ©　　　振替口座 00110-6-51894番

印刷/製本：㈱平文社

本書を引用または転載する場合は，必ず出所を明記してください．
万一，落丁，乱丁等がありましたらご連絡下さい．お取替え致します．

URL　　　　　　　　　　　　E-mail
http://www.saiwaishobo.co.jp　e-saiwai@msi.biglobe.ne.jp
ISBN4-7821-0203-8　C3058